난생 처음
페루

처음 페루에 가는 사람이 가장 알고 싶은 것들

난생 처음
페루

남기성 지음

메이트북스

메이트북스 우리는 책이 독자를 위한 것임을 잊지 않는다.
우리는 독자의 꿈을 사랑하고,
그 꿈이 실현될 수 있는 도구를 세상에 내놓는다.

난생 처음 페루

초판 1쇄 발행 2018년 8월 20일 | **초판 2쇄 발행** 2019년 3월 5일 | **지은이** 남기성
펴낸곳 ㈜원앤원콘텐츠그룹 | **펴낸이** 강현규·정영훈
책임편집 안미성 | **편집** 김하나·이수민·김슬미·최유진
디자인 최정아 | **마케팅** 한성호·김윤성 | **홍보** 이선미·정채훈·정선호
등록번호 제301-2006-001호 | **등록일자** 2013년 5월 24일
주소 04778 서울시 성동구 뚝섬로1길 25 서울숲 한라에코밸리 303호 | **전화** (02)2234-7117
팩스 (02)2234-1086 | **홈페이지** www.matebooks.co.kr | **이메일** khg0109@hanmail.net
값 15,000원 | ISBN 979-11-6002-139-4 13980

이 도서의 국립중앙도서관 출판시도서목록(CIP)은 e-CIP홈페이지(http://www.nl.go.kr/ecip)에서
이용하실 수 있습니다.(CIP제어번호 : CIP2018020322)

세계는 한 권의 책이다.
여행하지 않는 자는
그 책의 단 한 페이지만 읽을 뿐이다.

• 아우구스티누스(로마의 성인) •

여행자들의 엘도라도,
페루 7박 8일간의 여행기

소매치기가 난립하고, 항상 마음 졸이며 다녀야 하고, 밤거리를 거니는 것이 사치인 나라, 하지만 잉카제국의 엘도라도 마추픽추를 가진 멋진 나라. 이것이 여행 전 페루에 대해 내가 가졌던 두려움과 설렘이었다. 익숙하지 않은 언어, 택시기사의 호객 행위, 도심지의 매캐한 공기, 이동할 때마다 잘 있는지 신경 쓰이는 지갑과 카메라, 묘한 긴장감, 이것은 페루 첫 방문시 살 떨리는 선입견이었다.

그러나 페루는 전혀 다른 모습이었다. 우리와 비슷한 머리색, 선한 눈빛을 가진 현지인들과 시민의 안전을 위해 곳곳에 자리한 경찰들이 친절하게 나를 맞이해주었다. 어둠이 내린 거리를 활보하는 것은 위험한 사치라는 것도 거짓이었다. 둘째 날부터 밤늦은 시간까지 활보하며 다니기도 했다. 오랫동안 살았던 멕시코에서는 상상도 못할 일이었다.

두 번째 방문에서는 페루가 더 만만해지기 시작했다. 그 만만함에 미리 숙소도 예약하지 않고 페루를 찾았다. 하지만 페루는 더 많은 것을 안전하고 친절하게 내어주었다. tvN 예능프로그램 〈꽃보다 청춘〉이 방영된 후 페루에 방문했을 때는 이전에 비해 관광지마다 한국 여행자들이 많이 늘어나 마치 내 집처럼 편안하게 느껴졌다. 한국 여행자만 20여 명이 탄 이카행 버스도 타 보았다. 유스호스텔 직원은 본격적으로 한국어를 배워야겠다고 너스레를 피웠으며 간단한 한국어 인사말 정도는 양념이었다.

이것이 한국 여행자들을 위한 현재 페루 모습이다. 페루는 두렵고 여행하기 어려운 곳이 아니라 한국인이 편안하게 찾을 수 있는 곳이 되었다.

그래도 페루 관광이 두려운 여행자는 이 책을 꼭 지참하기 바란다. 마추픽추도 보고 싶고, 야간 버스도 타고 싶고, 티티카카 호수도 보고 싶은 초보 여행자들을 위해 묻고 보고 찍고 걸으며 유익한 정보를 담았다. 이 책은 각 도시로 이동하는 방법, 버스 타는 방법에 더해 먹거리와 주전부리까지 자세하게 그려놓았으며, 간단하게 스페인어로 질문하는 방법까지 적어두었다. 이 책의 동선대로만 움직여도 페루의 볼거리, 먹거리를 보장받을 수 있다. 특히 스페인어에 익숙하지 않은 여행자들을 위해 마지막 부분에는 간단한 스페인어 편까지 소개했다.

이 책이 페루 여행을 처음 계획하는 여행자들에게 큰 도움을 줄 것이라고 확신한다. 물론 이 책에 소개되지 않은 보물 지역도 많다. 또 다른 보물찾기와 더 광활한 여행 지도를 그리는 것은 여행자들의 몫이다.

여행작가 오소희는 "여행지에서 익숙한 것을 고집하거나 자신과 다른 것을 무시하는 것만큼 어리석은 일은 없다. 익숙한 것이 좋으면 떠나지 않으면 된다"라고 이야기한다. 하지만 이 책을 읽는 여행자들은 익숙한 곳으로 만들기 위해 페루로 떠났으면 한다. 거리마다 전해주는 안데스의 울림 '께냐' 소리도 듣고, 길거리 음식도 먹고, 고산병을 겪으며 잉카제국의 엘도라도 마추픽추도 보고, 하늘 아래 가장 높은 티티카카 호수도 보면서 페루를 기억하기 바란다. 단언컨대 눈물 나게 매력적인 페루를 느낄 수 있을 것이다.

책이 나올 때마다 많은 격려와 도움을 아끼지 않은 메이트북스에 진심으로 감사드린다. 낯선 곳으로 떠날 때마다 건강과 안전을 걱정하고 격려와 힘이 되어준 사랑하는 아내 김신희와 가족들에게도 감사하다. 특히 새로운 길로 인도해주신 『내 인생 첫 책쓰기』 오병곤 사부께도 감사드린다. 그리고 무엇보다 페루를 찾을 때마다 그들 나라의 자부심을 오롯이 전해준 이름 모를 페루인들에게 감사를 전한다.

남기성

contents

PART 1

꽃보다 페루,
내 생애 첫 여행

페루
기본정보

페루는 안데스 고원 위에서 역사적으로 여러 문명들의 흥망성쇠를 거듭했다. 안데스 고원을 중심으로 기원전 10세기부터 기원후 1세기에 일어난 차빈 문명, 남부 빠라까스반도에서 일어난 빠라까스 문명, 기원후 1세기부터 14세기 페루 북부의 비쿠스 문명, 남부의 나스카 문명까지 10개 이상의 고대문명들이 번성했다. 이후 잉카제국이 건설되면서 중흥기를 거친다. 잉카제국의 중흥기 당시 도로망만 약 2만 4천km였으며 현 페루, 볼리비아, 에콰도르, 칠레 중부, 아르헨티나까지 이르는 광대한 제국이었다.

1532년 페루 북부 지역에 상륙한 프란시스코 피사로(Francisco Pizarro)는 아따우알빠(Atahualpa)를 처형하고 쿠스코까지 정복했으며, 1572년 잉카 최후의 황제 투팍 아마루(Túpac Amaru)의 저항을 마지막으로 잉카제국은 스페인에 완전히 정복된다. 이후 스페인은 원주민의 노동력을 착취했으며, 페루의 금과 은은 스페인의 새로운 부의 원천이 되었다. 스페인 지배 시절 원주민과 백인들의 혼혈인 '메스티소(mestizo)'가 탄생되기도 한다.

19세기 초 남아메리카 대륙에는 독립전쟁 바람이 불며, 호세 데 산 마르띤(José de San Martín)이 1821년 스페인으로부터 페루를 해방시킨다. 이후 쿠데타, 영토 분쟁 등으로 수많은 지도자들이 교체되면서 혼란이 가중된다. 1990년 알베르토 후지모리(Alberto Fujimori) 정권이 탄생하면서 경제가 잠시 안정화되지만 2010년 후지모리는 3선 연임을 위한 부정선거를 저지르면서 대통령직에서 물러나게 된다. 이후 오얀타 우말라(Ollanta Humala) 현 대통령이 당선되었으며 지금도 페루는 부정부패와 경제 안정화를 위한 싸움을 계속하고 있다.

우리나라에서 약 22시간 비행으로 도착하는 페루는 전체 면적이 1,285,215km²

로, 우리나라의 약 13배이며 세계에서는 스무 번째, 남미에서는 세 번째로 큰 나라다. 페루를 삼등분해 나누면 건조한 사막기후인 서쪽 해안지역, 안데스 산맥의 높은 봉우리가 있는 고산지역, 열대우림으로 뒤덮인 동쪽의 정글지역이다. 정글지역은 페루 국토의 60%를 차지한다. 페루는 태평양 연안국가로 북쪽으로는 에콰도르와 콜롬비아, 남쪽으로는 칠레와 볼리비아, 동쪽으로는 브라질 등 5개국과 국경을 맞대고 있다.

▶ 공식 명칭: **페루공화국**(Republica del Peru)

▶ 수도: **리마**(Lima)

▶ 언어: 스페인어

▶ 기후: 페루는 더운 나라라고 생각하기 쉽지만 안데스 산맥과 해류의 영향으로 기후는 지역마다 천차만별이다. 페루 인구의 절반 이상이 거주하는 해안지역은 덥고 습도가 높은 기후(12~4월)와 온화하고 강수량이 적은 기후(5~11월)다. 고산지역은 비가 적고 온도가 내려가서 종종 우박까지 떨어진다. 정글지역은 비가 많이 오고 날씨도 무덥다. 페루의 기후는 우리나라와 정반대다. 9~12월이 봄, 12~3월이 여름, 3~6월이 가을, 6~9월이 겨울이다.

사계절로 구분은 하지만 페루를 여행하려면 사계절 복장을 다 준비해야 한다. 고산지역 여행시 낮에는 반팔 차림으로 다녀도 되는 날씨지만 밤에는 서늘해지며, 해안지역을 여행할 때는 통풍이 잘 되는 옷이 필요하며, 정글지역은 긴 소매 및 반팔을 준비하는 것이 좋다. 특히 고산지역에서의 밤을 위해서는 겨울옷도 필요하다. 날씨 정보는 타임나우 홈페이지(ko.thetimenow.com/weather/peru/lima) 또는 블루블래닛 홈페이지(www.1blueplanet.com/weather/ko/peru)를 참조하자.

▶ 시차: 한국보다 14시간 느리다(한국 13일 오전 9시, 페루 12일 저녁 7시).

▶ 통화: 누에보 솔(Nuevo Sol)이며 표시는 'S/.'로 한다. 통상적으로 페루 내에서는 간단히 sol(솔)이라고 한다. 2015년 11월을 기준으로 1달러는 3.3솔, 1솔은 345원이다.

Tip.

해외안전여행 홈페이지(www.0404.go.kr)를 방문하면 여행하는 국가의 여행 정보를 알 수 있다.

▶ 전압: 보통 220V/60HZ를 사용하지만 우리나라처럼 동그란 모양이 아니라 일자형이기 때문에 멀티어댑터를 준비해야 한다.

▶ 물: 수돗물은 마시지 않는 것이 좋다. 마트에서 생수를 구입할 수 있으며, 생수 500mL 한 병에 약 1.5솔(약 600원) 정도다.

▶ 안전: 페루는 거리마다 경찰이 넘쳐날 정도로 다른 중남미 국가에 비해 안전한 곳이다. 하지만 페루인들도 저녁에는 잘 다니지 않는 리마 센뜨로 지역, 장거리 버스 이동시 터미널 지역, 대중이 운집한 장소 및 빈민가에서는 소매치기를 조심해야 한다.

▶ 공중전화: 시내 전화를 걸 때 동전으로 걸 수도 있으나 여전히 공중전화 전용 토큰을 이용하는 전화가 더 많다. 전용 토큰은 약국이나 슈퍼마켓에서 판매하며 10솔(3,650원)짜리를 구입하면 미국에 1시간 반 정도 전화를 걸 수 있을 만큼 요금은 저렴한 편이다.

▶ 긴급 연락처

페루 주재 한국대사관

주소: Av. Principal #190, piso 7, Urb. Sta. Catalina, La Victoria, Lima

전화: (+51) 1-476-0815, 0861, 0874

코트라(KOTRA)

전화: (+51) 1-442-2834

Tip.

고산병은 낮은 지대에서 해발 3천m 이상의 고지대로 이동했을 때 산소 결핍으로 두통·구토·피로·소화불량을 느끼는 증상이다. 고산병이 생기면 천천히 걷고 술, 담배를 삼가며 코카 차나 물을 자주 마셔야 한다. 고산병이 무섭다면 한국에서 타이레놀을 준비하거나 현지 약 소로체 필(sorojchi pills)을 구입해 먹는 것도 방법이다. 소로체 필은 페루 시내를 다니다 'Farmacia(약국)'에서 구입 가능하다.

1. 여권 및 비자 만들기

■ 여권 만들기

여권 발급 신청서(또는 간이서식지), 여권용 사진 1매(6개월 이내에 촬영한 사진으로 전자 여권이 아닌 경우 2매), 신분증을 지참하고 발급 기관을 방문해서 직접 신청하면 된다. 2013년 12월 1일부터 국내 17개 대행기관에서 간소화된 과정으로 여권을 발급받을 수 있다. 자세한 내용은 외교부 여권 안내 홈페이지(www.passport.go.kr)를 참조하자. 여권을 찾을 때 직접 방문하지 않고 우편 수령이 가능한 곳도 있으니 여권 발급시 해당 기관에 문의하면 된다.

여권 접수처: 전국에 236개의 여권 사무 대행기관이 있다. 주민등록지와 상관없이 전국 어디에서나 접수 가능하다.

여권 발급 수수료: 단수 여권(1년 이내) 2만 원, 복수 여권(5년 초과 10년 이내) 5만 3천 원

Tip.

외국에서 여권을 분실했을 경우 대처법

출국 전 대비: ① 여권에서 사진이 나와 있는 전면 부분을 3장 정도 복사한다. ② 여권용 사진을 2매 정도 준비한다. ③ 복사본과 여권용 사진들은 한꺼번에 보관하지 말고 따로 보관한다.

분실시 대처: ① 가까운 경찰서에서 분실증명확인서(Police Report)를 받는다. ② 현지 한국 대사관 또는 영사관에서 귀국용 여행증명서를 받는다. ③ 여권 재발급 수속을 진행한다.

여권 재발급시 필요한 서류: ① 분실증명확인서(Police Report) ② 여권 발급 신청서 ③ 여권용 사진 2매 ④ 여권 분실 확인서 ⑤ 본인임을 증명할 신분증(여권 복사본으로 대체) ⑥ 기타 수수료

■ 비자 만들기

비자면제 협정에 따라 관광 목적인 경우에는 3개월간 무비자로 입국 체류가 가능하다. 단, 여권 유효기간이 6개월 이상 남아 있어야 한다. 미국을 경유할 경우 관광 비자나 ESTA(미국무비자) 신청을 해야 한다. ESTA는 홈페이지(esta.cbp.dhs.gov/esta)에 접속해 신청하면 된다. 홈페이지에서 언어를 한국어로 변경한 뒤 순서대로 작성한 후 신용카드로 결제한다.

2. 항공권 구입하기

여행 일정이 확정되었다면 항공권을 구입한다. 해외여행이 처음이고 두려운 마음이 든다면 중남미 전문 여행사를 이용하는 것도 좋은 방법이다. 여행자보험 및 다양한 혜택을 챙길 수 있다. 페루 이외 다른 중남미 국가까지 아울러서 여행을 계획한다면 본인의 일정에 맞는 항공권을 구입한다. 전자여권을 소지하고 있다면 미국을 경유하고, 전자여권이 없다면 캐나다 및 유럽을 경유해야 한다.

■ 경유 방법
약 22시간 소요(인천국제공항 출발, 페루 호르헤차베스국제공항 도착 기준)

1. 인천 – 미국 마이애미 – 리마(아메리카 에어라인 항공)

2. 인천 – 미국 달라스 – 리마

3. 인천 – 미국 로스앤젤레스 – 리마(란 항공)

4. 인천 – 멕시코 멕시코시티 – 리마

5. 인천 – 캐나다 벤쿠버 · 토론토 – 리마(에어캐나다)

6. 인천 – 캐나다 토론토 – 쿠바 – 리마

■ 항공권 예약 및 문의

란 항공: www.lan.com

아미고 투어: www.amigotour.com

아메리카 에어라인: www.american-airlines.co.kr

위고: www.wego.co.kr

3. 숙소 예약하기

페루는 세계적인 관광지답게 가격이나 조건, 위치에 따라 숙소가 천차만별이다. 인터넷 검색창에 '페루 숙소'를 검색하면 다양한 정보가 나온다. 호텔부터 게스트하우스, 한인민박까지 여행자들의 취향과 가격대에 맞게 선택할 수 있다. 한국어로도 예약할 수 있기 때문에 홈페이지에 접속한 후 직접 예약 결제를 완료하면 된다. 각 숙소마다 위치나 여행자들의 이용후기 등을 꼼꼼히 살펴본 후 예약해야 실패할 확률을 줄일 수 있다.

■ 리마 미라플로레스 지역 유스호스텔

<u>플라잉독 호스텔(Flying Dog Hostel)</u>

주소: ① Jr. Diez Canseco 117 Miraflores, Lima

　　　② Calle Lima 457 Miraflores, Lima

　　　③ Jr. Martir Olaya 280 Mraflores, Lima

홈페이지: www.flyingdogperu.com

이메일: flyingdoghostels@gmail.com

비용: 도미토리 35솔~

미라플로레스 지역에서만 3군데를 운영한다. 성수기, 비수기에 따라 가격이 다르다.

<u>로키 백팩커스 호스텔 인 리마(LOKI Backpackers Hostel in Lima)</u>

주소: Jose Galves 576, Miraflores 18, Lima the tourist's hostel

홈페이지: www.lokihostel.com/en/lima

이메일: lima@lokihostel.com

<u>힛츠하이커스 백팩커스 호스텔(Hitchhikers Backpackers Hostel)</u>

주소: Calle Bolognesi 400, Miraflores, Lima

홈페이지: hhikersperu.com

이메일: info@hhikersperu.com

■ 기타 숙박 예약 사이트

페루촌하우스(한인민박): blog.daum.net/peruchon

에어앤비: www.airbnb.co.kr

호텔스닷컴: kr.hotels.com

아고다: www.agoda.com

호스텔월드: www.korean.hostelworld.com

Tip 1.

리마는 구시가지 센뜨로 지역과 신시가지 미라플로레스 지역으로 나뉜다. 저녁 시간 안전을 위해서는 미라플로레스 지역의 숙소를 추천한다. 참고로 페루에서 숙박비가 가장 비싼 곳이 수도 리마로, 지방 도시에 비해 거의 2배 가격이다.

Tip 2.

인터넷으로 호텔을 예약할 때 홈페이지에 올려진 사진을 100% 신뢰하면 안 된다. 호텔 구석구석을 자세히 살필 수 없는 데다가 실제와 다른 경우가 종종 있다. 할인율이 지나치게 크거나 사진상 좋아보이는데 호텔 가격이 너무 저렴한 경우에는 일단 의심해볼 필요가 있다.

Tip 3.

페루는 유스호스텔이나 호텔이 발달되어 있기 때문에 숙소는 걱정할 것이 없다. 하지만 모든 도시로의 출발 지역인 리마에서의 첫날 밤 정도는 도착 며칠 전 예약을 하는 것이 좋다. 특히 성수기(3~9월)에는 예약이 필수다. 사전 예약 없이 공항에 도착하면 택시기사들이 아는 숙박 장소로 데려다주지만 커미션이 연결되어 있기 때문에 엄청난 바가지요금을 요구한다. 더군다나 택시기사들은 숙박 연결을 해주고는 부가적으로 당당하게 팁을 요구하기 때문에 이중삼중으로 쓸데없는 돈이 지출될 수 있다. 그러므로 첫날 밤의 숙소는 사전에 예약하도록 하자.

---

4. 여행자보험

여행자보험은 선택이 아닌 필수다. 언제라도 발생할 수 있는 사고나 질병, 분실, 도난 등에 대해 보상받을 수 있기 때문이다. 특히 요즘은 여행시 노트북, 카메라 등 고가의 전자제품을 가지고 가는 일이 많으므로 가입하는 것이 좋다. 여행자보험에 가입되어 있다면 물건을 잃어버린 경우 현지에서 경찰서를 통해 '분실확인증명서(Police Report)'를 작성한 후 한국으로 돌아와서 보험금을 청구할 수 있고, 현지에서 병원을 이용할 경우 만만치 않은 병원비 혜택을 받을 수 있다. 여행 기간이 짧더라도 여행자보험은 꼭 가입하도록 하자.

5. 환전하기

페루는 미국 달러, 유로, 캐나다 달러 등으로 환전한 후 페루 현지에서 페루 돈으로 환전해야 한다. 우리나라 대부분의 시중은행은 달러를 보유하고 있으므로 가까운 은행에서 한국 원화를 달러로 환전하면 된다. 공항에서 환전하면 편리하지만 환율에 손해를 볼 수 있다. 환전 우대쿠폰을 활용해 가까운 지점 은행에서 환전을 하고, 주거래 은행이 있다면 우대가 얼마까지 가능한지 확인 후 환전을 하는 것도 방법이다. 환전 우대쿠폰은 주거래 은행 사이트를 접속한 후 외환 업무 센터로 접속한 후 받을 수 있다. 또한 은행을 갈 필요 없이 인터넷 뱅킹으로 간편하고 경제적으로 인터넷 환전서비스를 이용할 수도 있다. 인터넷 환전 서비스의 장점은 은행보다 더 좋은 우대를 받을 수 있다는 것과 영업시간 이외나 휴일에도 환전이 가능하다는 것이다.

6. 예산 계획 및 여행 짐 꾸리기

여행 경비 중 항공권을 제외하고 숙박요금이 가장 큰 비중을 차지하며, 여기에 추가로 현지에서 사용할 교통비(페루는 장거리 버스 비용도 많은 비중을 차지함), 식비, 입장료 등이 필요하다. 이를 감안해 자신이 추구하는 소비성향에 따라 예산을 꼼꼼하게 짜면 된다.

여행 짐을 꾸릴 때 꼭 챙겨야 하는 품목으로는 여권(분실 대비 여권복사본과 여권용 사진 2매), 항공권[전자항공권(E-ticket) 출력물], 호텔 숙박 예약증 및 주소, 여행자보험증, 우산, 멀티어댑터(분실을 대비해 2개 정도), 크로스백(귀중품 보관용), 필기구 및 수첩, 간단한 상비약(두통약·지사제·소화제·고산병용 타이레놀), 카메라, 자외선 차단제 등이 있다. 그 외 물품들은 페루 날씨를 감안해 준비하면 된다. 더운 나라라고 생각해 반바지, 반팔만 가지고 갔다가는 공항 및 현지 시외버스나 고산지대의 일교차로 낭패를 보기 쉽다. 방한복과 사계절용 여벌옷을 꼭 준비하자. 카메라, 노트북, 스마트폰 등 전자기기가 많다면 멀티플러그를 준비하는 편이 좋다.

Tip.
100mL 이하의 액체류·젤류·스프레이류는 개별용기에 담아 1인당 1L짜리 투명 비닐 지퍼백 1개에 한해 반입 가능하며, 보안 검색을 받기 전에 다른 짐과 분리해 검색요원에게 제시해야 한다. 100mL가 넘는 액체류 등의 기내 반입 금지 물품은 수하물로 부쳐야 한다. 라이터는 1인당 1개만 기내 반입이 허용되며 소지 후 보안검색을 받아도 문제없다.

7. 해외 인터넷 데이터 로밍

페루 현지에서 와이파이(Wi-Fi)는 대부분의 유스호스텔과 호텔에서 무료로 이용할 수 있다. 체크인시 패스워드를 받아서 입력만 하면 된다. 리마 미라플로레스(신시가지) 지역의 성당 앞이나 공원, 쇼핑몰 라르 코마르(Lar comar)에서 현재 위치를 잡는다면 무료 와이파이를 이용할 수 있고, 장거리 이동시 시외버스 내에서도 이용 가능하다.

와이파이를 이용하지 않고 해외에서도 국내에서처럼 자유롭게 인터넷을 이용하고 싶다면 데이터 로밍을 하면 된다. 데이터 통신을 해외에서 이용할 때는 국내와 다른 데이터 요금을 적용받기 때문에 국내에서 이용했을 때보다 많은 요금이 청구된다. 예를 들어 구글 지도 검색 1회에 약 2,100원, 카카오톡 사진 전송 1회에 약 890원이다.

따라서 해외에서도 무제한으로 데이터 사용을 원할 경우 본인이 가입한 이동통신사에서 '데이터 로밍 서비스'를 신청하는 것이 좋다. 24시간 단위로 약 1만 원 정도만 내면 무제한으로 데이터를 이용할 수 있다.

만약 해외에서 데이터 로밍을 사용하지 않을 경우 스마트폰의 환경설정 메뉴에서 '데이터 로밍 차단(비활성화)'을 설정해야 한다. 그러나 이는 이용자의 재설정에 따라 데이터 로밍이 활성화될 수 있으므로 완전한 차단을 위해서는 본인이 가입한 이동통신사에 직접 '데이터 로밍 차단서비스(무료)'를 신청하는 것이 안전하다.

> **Tip.**
> 포켓 와이파이는 크기가 작아 휴대가 간편하며, 한 대의 단말기에 노트북, 태블릿, 스마트폰 등 여러 기기로 2명 이상이 동시 접속이 가능하다. 최대 장점은 통신사에 비해서 요금이 저렴하며, 4G LTE 속도가 실현 가능하고, 언제 어디서나 인터넷에 접속해 업무 처리가 가능하다는 것이다. 단말기(에그) 대여 업체에 인터넷으로 여행날짜, 여행국가, 여행기간, 수령 및 반납 장소 등 필요사항을 기입한 후 신청하면 여행 출발 2~3일 전에 해피콜이 온다.

8. 면세점 이용하기

인천국제공항은 탑승 수속과 세관 신고 후 보안검색을 마치면 면세품 쇼핑이 가능하다. 여권과 전자항공권으로 인터넷 면세점이나 서울 시내에 위치한 면세점을 이용할 수 있다. 여기서 구입한 물건은 공항의 면세품 인도장에서 수령하면 된다. 면세 구매 한도액은 출국시 3천 달러 이내, 입국시 400달러 이내다. 초과시 세관에 신고한 후 세금을 납부해야 한다.

9. 페루 여행 정보 사이트

페루 여행을 계획중이라면 페루에 꼭 필요한 정보를 모아놓은 사이트를 방문해보는 것이 여행 계획을 세우는 데 도움이 된다. 홈페이지를 통해 페루를 접하고 나면 처음 만나는 페루지만 훨씬 가깝게 느껴지고, 여행에 대한 두려움이 설렘으로 바뀌게 될 것이다.

페루 관광청(www.promperu.gob.pe): 페루 지역 소개, 음식, 숙박, 쇼핑, 관광명소 등 여행 정보를 제공한다. 단, 스페인어만 지원된다.

페루 관광청 한국어 웹사이트(www.peru.travel/co-kr): 한국어 웹사이트를 열었지만 아직은 자료가 미비하다. 그래도 페루를 한국어로 보고 싶다면 들러볼 만하다.

비바페루(www.vivaperu.kr): 페루 현지에서 운영하는 사이트로 유학 정보부터 여행, 생활 정보까지 받을 수 있다.

페루
떠나볼까?

1. 출국 절차(인천국제공항 출발 기준)

■ 출국하기

대중교통을 이용해 인천국제공항에 가는 경우 공항 리무진 버스나 공항철도를 이용한다. 공항 리무진의 경우 'KAL 리무진'을 비롯해 다양한 전문 업체에서 서울 및 수도권, 지방에서 총 18개의 노선을 운행하고 있으며, 인천국제공항까지 바로 연결된다. 자세한 내용은 공항 리무진 버스 홈페이지(www.airportlimousine.co.kr)를 참고하자. 공항철도는 지하철 노선과 연계 가능하며, 서울역에서 출발하는 열차를 이용할 경우 인천국제공항까지 약 50분이면 도착한다. 특히 2014년 7월 1일부터 KTX 인천국제공항역이 개통되어 지방에서 오는 경우 KTX 경부선이나 호남선을 이용해 KTX 인천국제공항역까지 바로 갈 수 있다. 자세한 내용은 코레일 공항철도 홈페이지(www.arex.or.kr)를 참고하자.

> **Tip.**
> 국토교통부는 출국장 또는 출발장 내의 혼잡이 예상되므로 원활한 국제선 탑승을 위해서 항공편 출발 2시간 30분 전까지 각 공항 항공사 수속 카운터로 도착하는 것을 권장한다.

■ 출국절차

공항에 도착하면 탑승 수속, 세관 신고, 보안 검색, 출국 심사를 거친 후 비행기 탑승을 하면 된다.

탑승 수속: 인천국제공항 3층 출국장으로 가서 본인이 이용할 항공사의 체크인 카운터(A~M)를 찾아 탑승 수속을 받는다. 해당 항공사 카운터에서 여권과 항공권을 제출하고 비행기 좌석을 선택한 후 수하물(여행가방 등)을 부치고 출국장으로 이동하면 된다.

병역 신고: 병역 의무자가 국외를 여행하고자 할 때는 병무청에 국외여행 허가를 받고, 출국 당일 법무부 출입국에서 출국 심사시 국외 여행허가증명서를 제출해야 한다.

세관 신고: 1만 달러 이상의 외환 소지자나 고가의 귀중품을 소지한 경우 휴대물품 반출신고서를 작성해야 한다. 귀국시 쇼핑 물품 때문에 곤란한 상황이 발생할 수도 있다. 세관에 신고할 사항이 없으면 보안 검색대로 바로 이동한다.

보안 검색: 기내 반입 물품을 점검받기 위해 휴대물품을 엑스레이 벨트 위로 통과시켜 점검받는다.

출국 심사: 출국 심사대에서 여권과 탑승권을 보여주고 여권에 출국 도장을 받은 후 통과하면 출국 절차는 모두 끝난다.

비행기 탑승: 탑승권에 적힌 게이트로 출발 40분 전까지 이동한다.

Tip 1.
탑승권 게이트가 101~132번이면 셔틀 트레인을 이용해 탑승동으로 이동한다.

Tip 2.
여권 및 귀중품을 넣은 보조 가방은 기내에 휴대하고 나머지 짐들은 여행용 가방에 넣어 위탁 수하물로 처리하는 것이 좋다. 특히 페루까지는 장거리 비행이라는 점과 기내 냉방시설을 감안해 긴팔 옷을 준비하고 기내 복장은 편하게 입자. 환승하는 나라에 내리거나 기다릴 때 공항에서 세면할 수 있도록 일회용 세면도구를 준비하는 것이 유용하다.

2. 입국 절차(호르헤차베스국제공항 도착 기준)

■ 입국하기

한국에서 비행시간으로만 22시간 후에 도착하는 페루의 호르헤차베스국제공항은 리마 중심지 미라플로레스에서 약 16km 떨어진 곳에 위치해 있다.

■ 입국절차

출입국카드 및 휴대품 신고서 작성: 기내에서 승무원이 나눠주는 출입국카드와 휴대품 신고서를 빠짐없이 작성한다. 페루 내 연락처는 페루 여행기간 동안 머물 숙소의 주소를 기재하면 된다.

입국 심사: 비행기에서 내려 입국심사장으로 이동해 입국 심사를 받는다. 입국 심사(immigration) 표지판을 따라 이동한 뒤 직원이 있는 창구 앞 정지선에서 대기한 후 안내에 따라 이동한다. 여권과 기내에서 작성한 출입국카드를 제시하면 직원이 여권에 입국도장을 찍어준다. 이때 90일 체류입국카드 절취선 아래 부분(비자대행)을 돌려받는다. 이 하단부는 숙박 체크인시 항상 제시해야 하

며, 특히 출국할 때 회수하므로 잘 보관해야 한다. 입국 심사가 끝나면 수하물 코너 및 세관신고 표시가 있는 쪽으로 이동한다.

환전하기: 수하물 코너 쪽으로 이동하면 환전소가 있다. 수하물 벨트에 짐이 나오기 전에 환전을 한다. 환전시 여권 및 환전 달러를 제시한다.

Tip 1.

페루는 공항 환전소 환율이 나쁘다. 페루에 도착하면 하루 정도 쓸 돈만 공항에서 환전하고, 나머지는 각 도시의 은행과 환전소에서 환전하면 환율 우대를 받을 수 있다. 공항 환전소는 24시간 운영하니 밤 늦게 도착한다고 걱정할 것 없다. 다만 공항 및 은행에서 환전시 환전 금액의 3% 수수료가 있다.

Tip 2.

리마 미라플로레스 지역의 은행 주변 길거리에는 통일된 색깔의 조끼를 갖춰 입고 돈다발 뭉치를 들고 있는 사람들을 볼 수 있다. 이들은 우리나라로 비교하자면 달러상들이다. 길거리 경찰들로 인해 전혀 위험하지 않으며 불법도 아니다. 또한 수수료를 떼지 않기 때문에 은행보다 환율을 좋게 받을 수 있다. 환전을 원하면 길거리 달러상들을 통해서 교환해도 무난하다.

수하물 찾기: 입국 심사가 끝나고 나오면 좌우측에 수하물을 찾는 벨트가 있다. 모니터에서 타고 온 항공기명과 편수를 확인한 뒤 해당 코너로 이동해 자신의 짐을 찾는다.

세관 검사 및 보안 검사: 모든 소지품(허리띠·동전·휴대폰 등) 및 수하물은 엑스레이를 통과해야 한다.

3. 호르헤차베스국제공항에서 리마 시내로 이동하기

리마 시내는 페루 호르헤차베스국제공항에서 약 16km 떨어져 있다. 공항이 있는 까야오(callo) 지역은 조금 위험한 지역으로, 안전한 이동을 위해 택시를 이용하도록 하자. 한국에서 출발하는 여행자들은 대부분 밤늦은 시간이나 새벽에 도착하기 때문에 어차피 공항에서 시내버스를 타고 간다는 것은 실제적으로 불가능하다.

공항 검색대를 나오면 택시기사들이 목에 찬 명찰을 보여주며 호객행위를 한다. 택시를 타기 전에 가격을 흥정한 후 목적지까지 이동하면 된다. 흥정하는 것이 싫다면 좀더 비싸게 주더라도 공항택시를 이용하면 된다.

■ 택시 이용하기

1층 출국장에서 택시를 타는 방법에는 2가지가 있다. 그린택시(taxi verde) 데스크를 이용하거나 공항택시를 이용하는 것이다. 그러나 새벽이나 밤늦은 시간에 도착했을 경우에는 그린택시 데스크 업무가 종료되어 있을 수도 있다. 세관 검사 후 나오면

정면에 공항택시 이용 데스크가 있다. 택시기사들의 호객행위나 흥정이 싫다면 목적지 주소를 알려주고 금액을 지불한 뒤 바우처를 끊고 안내를 받아 탑승하면 된다. 그린택시 데스크 바우처 기준 요금은 2015년 1월 기준 센뜨로, 미라플로레스 지역 50솔 정도다.

> **Tip 1.**
> 택시를 타기 전에 반드시 흥정을 해야 하며, 흥정을 했더라도 목적지에 도착하면 잔돈이 없다고 할 때도 있으므로 공항 환전소에서 10솔이나 20솔의 잔돈으로 환전하는 편이 좋다. 짐 값이나 공항 주차비를 요구하는 경우도 있지만 모두 무시해도 된다. 페루의 공항택시는 악명으로 유명하다.
>
> **Tip 2.**
> 사실 공항 내 그린택시들은 암묵적으로 어느 정도 담합이 되어 있기 때문에 요금이 높은 편이다. 따라서 공항 밖까지 걸어 나와 택시를 타면 좀더 저렴한 가격(25~30솔)으로 이용할 수 있다. 출국장에서 나오자마자 오른쪽 길로 약 100m 직진한 후 좌회전해 다시 100m 정도 직진한다. 그리고 우회전을 하면 공항 밖 택시를 이용할 수 있다. 만약 낮에 도착했다면 이곳 버스 정류장에서 시내버스(파란색 IM8번 버스 등)로 시내까지 이동할 수도 있다. 공항에서 미라플로레스까지 시내버스 요금은 2.5~3솔이다.

① 공항 검색대 통과 후 오른쪽 출구 쪽으로 이동한다.

② 국제선 출국장이 나온다.

③ 직진하면 공항 내에 또 다른 환전소를 볼 수 있다.

④ 오른쪽으로 이동하면 출구가 나온다. 공항 내에서부터 택시기사들의 호객행위를 볼 수 있다.

Tip 1.

리마에 있는 호스텔이나 호텔에 인터넷으로 숙박예약을 했을 경우 공항 픽업 서비스를 실시하는 곳도 있다. 픽업 서비스를 할 경우 공항택시보다 저렴한 가격에 이용할 수 있다.

Tip 2.

시내에서 공항으로 이동할 때도 택시를 이용하는 것이 좋다. 특히 센뜨로나 미라플로레스 지역에서 공항으로 이동시 택시를 타는 것이 시간도 절약되며 안전하다. 리마 시내에는 이른 새벽 시간 이외에는 교통체증이 심하기 때문에 페루 관광 후 공항으로 이동할 때는 교통체증을 감안해 이른 시간에 출발하는 것이 좋다(교통체증이 없을 경우 보통 30~40분 정도 소요). 택시요금은 센뜨로 지역에서 출발할 때 30솔 정도이며, 미라플로레스 지역에서 출발할 때는 약 40솔을 요구한다. 미터기가 없기 때문에 흥정을 한 후 택시를 타야 한다.

페루
교통정보

1. 버스

■ 시내버스

코레도르 아쑬(Corredor azul)

미니버스(micros)

봉고(combis)

일반 버스(azul)

페루 대중교통의 핵심으로 일반 버스, 미니버스, 봉고 형태가 있다. 페루의 시내버스들은 정류장마다 이정표와 버스 노선 정보가 없기 때문에 스페인어를 능숙하게 구사하지 못한다면 이용하기가 쉽지 않은 교통수단이다. 센뜨로나 미라플로레스 지역을 오가는 코레도르 아쑬 버스는 여행자들도 이용해볼 만하다.

■ 메뜨로폴리타노 버스

메뜨로폴리타노(Metropolitano) 버스는 정해진 노선을 버스전용차선으로 운행한다. 전용차선 운행으로 쎈뜨로나 미라플로레스 지역을 오갈 때 심한 교통체증을 피할 수 있다. 현금으로 탈 수가 없고 교통카드를 구입해야 하므로 스페인어가 능통하지 않다면 이용하기에 불편하다.

■ 시외버스

철도 시설이 부족한 페루에서 여행자들이 가장 많이 이용하는 육로 이동 수단은 시외버스다. 목적지별로 버스 운행 회사나 버스 수준이 다르며, 버스 시설의 차이에 따라 요금도 천차만별이다. 5시간 미만의 비교적 가까운 거리는 상관없지만 장거리 이동시는 버스 시설과 안전 등을 고려해야 한다. 특히 야간에 장거리를 이동할 때는 버스에서 1박을 하는 경우가 대부분이므로 편의성을 고려하는 것이 좋다.

시외버스 중 크루즈 델 쑤르(Cruz del sur)가 가장 좋은 서비스를 자랑한다. 크루즈 델 쑤르 버스는 승객이 오르기 전 무기 소지 여부를 점검하고, 출발 전 자리에 앉아 있는 승객들을 대상으로 일대일 비디오 촬영까지 한다. 또한 2~3명의 버스기사가 번갈아 운전하며 목적지까지 한 번도 쉬지 않고 이동한다. 물론 버스 내에 화장실이 마련되어 있으며 식사까지 제공된다.

리마에는 공용 터미널이 없고 각 버스회사마다 따로 터미널을 가지고 있다. 버스 터미널은 쎈뜨로와 미라플로레스 사이에 몰려 있다. 리마 이외의 도시에는 대부분 공용 터미널이 있으니 단거리 이동시에는 저렴한 다른 회사 버스도 경험해보자. 단, 저렴한 버스일 경우 선반 위에 가방을 두면 분실 위험이 있을 수 있으며, 에어컨이 나오지 않는 경우도 있다.

2. 택시

■ 일반 택시

페루 택시에는 미터기가 없기 때문에 여행자들에게 바가지요금을 씌우는 것이 일상화되어 있다. 택시를 타고 외곽지역이나 타도시로 이동한다면 엄청난 경비가 소요된다. 지붕에 표시등을 단 정식택시와 앞 유리창에 택시라는 스티커를 단 개인택시가 있는데, 사고를 미연에 방지하기 위해서는 지붕에 표시등을 단 정식택시를 타는 것이 좋다. 하지만 정식택시에도 미터기는 없으므로 택시 타기 전 흥정을 마무리하고 타는 것이 기본이다. 대부분의 택시기사들이 영어가 능숙하지 않기 때문에 목적지에 해당하는 장소가 표기된 지도나 메모를 보여주면 된다.

■ 오토바이 택시

리마를 제외한 지방 도시에서 가장 많이 볼 수 있는 택시다. 3개의 바퀴와 화려한 천막 장식으로 개조해 만든 것으로 가까운 거리를 이동할 때 현지인들이 가장 흔하게 이용하는 교통수단이다. 요금이 정해져 있는 것이 아니므로 탑승하기 전 흥정이 필요하다.

■ 자전거 택시

페루의 지방 소도시에서 볼 수 있는 자전거 택시는 자전거를 개조해서 두세 사람이 탈 수 있도록 만들어졌다. 지방 시내를 돌아다니다 보면 호객행위를 접할 수 있으며 개인 소유이므로 흥정이 필요하다. 일부 페루인들은 바가지를 씌우려고 하니 주의할 필요가 있다. 더운 날씨에 시내 구경이나 가까운 거리를 이동하기에 좋다.

처음 해외여행을 하는 사람이 가장 두려워하는 것은 혹시 발생할 불미스러운 일이
나 언어적인 문제다. 그런 두려움을 덜어주는 다양한 애플리케이션이 있으니 애플
앱 스토어나 구글 플레이 스토어에서 무료로 설치해 두려움 없이 마음껏 여행을 즐
겨보자. 다만 무제한 데이터 로밍을 한 경우가 아니면 고가의 데이터 요금이 부과되
니 주의하자.

안전 지킴이, 외교부 애플리케이션 '해외안전여행'

외교부는 해외여행시 위험 상황에 직
면했을 때 대처할 수 있는 방법을 스
마트폰 애플리케이션 '해외안전여행'
을 통해 제공하고 있다. 해외여행은 위
험요소가 많고 언어가 달라 문제가 발
생했을 때 쉽게 해결하기가 어렵다. 여
행 전에 이 애플리케이션을 미리 받아
놓으면 대처방법을 상세히 안내받을
수 있다.

이 애플리케이션은 도난, 분실, 교통사고, 구조 요청, 체포 구금, 테러, 해일 등 각
종 위기 상황 직면시 초기 대응요령을 안내하며 170개 재외 공관, 110개 국가의 경
찰·화재·구급차 신고 번호, 국내 보험사 및 카드사, 영사콜센터 등의 비상연락처 정
보를 제공해준다. 또한 기내 반입품목, 세금 환급, 응급처치법 등의 종합적인 정보도
제공한다. 특히 영사콜센터에서는 해외 재난 대응, 사건·사고 접수, 해외안전여행

지원, 신속해외송금 지원, 영사민원 등에 관한 상담서비스까지 제공하고 있다. 해외
안전여행 홈페이지(www.0404.go.kr)에서 더 많은 정보들을 얻을 수 있다.

현지 가이드, 자동 통역 애플리케이션 '지니톡(GenieTalk)'

'지니톡'은 한국전자통신연구원에서 개발한 여행용 한/일, 한/영 양방향 자동 통역 애플리케이션으로, 일상생활 및 관광 관련 표현을 통역해주며 오류가 적고 통역 속도도 빠른 편이다. 현재 미국, 일본, 캐나다, 호주 등 세계 10여 개국에서 유용하게 사용중이다.

'텍스트'와 '직접 말하기'의 2가지 방식으로 지원된다. 통역을 수행할 때 문장을 들려주는 동시에 텍스트로도 볼 수 있어 그대로 따라 읽으면 된다. 해외여행을 떠나기 전에 자주 사용하는 회화를 입력한 후 저장해놓고 현지에서 꺼내 쓰는 북마크 기능으로 훨씬 유용하게 이용할 수 있다.

질병으로부터의 건강한 삶, 질병관리본부 애플리케이션 'mini'

질병관리본부 'mini'는 국내외에서 발생하고 있는 주요 감염병 정보를 빠르고 정확하게 전달해 감염병을 사전에 예방·관리할 수 있게 도와주며, 여행을 떠날 국가별로 필요한 예방접종과 여행 국가에서 발생한 해외 감염병에 대한 정보가 담겨 있다.

질병 관련 정보와 질병관리본부의 다양한 이벤트, 보건소 위치 검색서비스를 제공한다. 또 해외여행 전후, 해외여행 중 각각의 경우에 대한 건강지침서를 제공한다. 여행중에는 특히 음식과 물이 급격히 달라져 배앓이를 하는 경우가 많으므로 관련 정보를 숙지하는 것이 좋다.

PART 2

꽃보다 페루,
7박 8일간의 여행기

첫째 날,

페루의 수도
항구도시 리마를 걷다

P e r u

안데스의 나라 페루 여행의 첫날. 지구 반대편에서 날아왔지만 리마 거리에서 마주치는 페루인들은 전혀 낯설지가 않다. 우리와 비슷한 머리색과 눈매를 가졌으며, 거리 곳곳에서 들려주는 그들의 웃음소리에서는 진한 친근감까지 느껴진다. 하루 동안 날아온 피곤함도 그들이 주는 친절에 녹아 버린다. 남미는 '지저분하다' '위험하다'라고 가졌던 선입견에 부끄러움마저 든다. 페루의 수도 리마에서 기분 좋은 첫날을 맞이하자.

첫째 날, 일정 한눈에 보기

아모르 공원

∨

스르끼요 전통시장

∨

아르마스 광장

∨

산 크리스토발 전망대

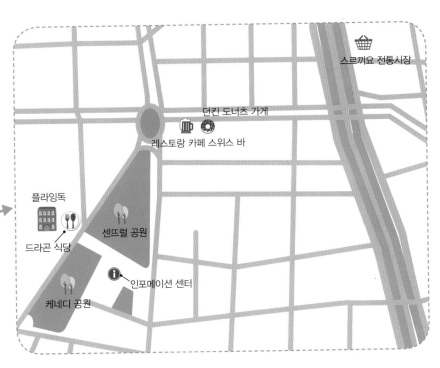

태평양 절벽 위 연인들의 광장,
아모르 공원

Parque del Amor, 빠르께 델 아모르

1993년 2월 14일 문을 연 아모르 공원은 연인들을 위한 사랑과 낭만의 장소로 밸런 타인데이 때 가장 많은 사람들이 방문한다. 아모르 공원은 미라플로레스(Miraflores) 말레꼰 시스네로스(Malecón Cisneros)에 위치해 있으며, 세계적인 건축가 가우디가 설계한 바르셀로나의 구엘 공원(Park Güell)을 모방해 만들어졌다.

공원의 하이라이트는 페루 조각가 빅토르 돌핀(Victor Delfin)이 조각한 길이 12m, 높이 3m의 남녀 키스 조형물이다. 이 조형물은 빌레나 레이 다리 옆, 공원 중앙에 세워져 있는데, 태평양을 가장 잘 바라볼 수 있는 위치에 있어 더욱 로맨틱한 분위기를 자아낸다. 아름다운 석양을 바라볼 수 있는 최적의 장소이니 낭만적 풍광을 한껏 느껴보자. 공원은 사랑에 목말라 하는 연인들, 특히 신혼부부들이 많이 찾는다.

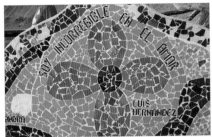

태평양 쪽으로 만들어진 하트 모양의 나무 덩굴 입구는 이곳을 찾은 연인들이나 여행자들에게 사진 찍기 좋은 명소로 알려져 있으며, 주변에 만들어진 모자이크 조각에는 많은 사랑의 문구들이 묘사되어 있다. 공원의 길을 따라 걷다보면 절벽 끝, 전망이 가장 좋은 장소에 다다를 수 있다. 이 절벽 끝에서 가장 화려하고 아름다운 해변을 감상해보자.

✚ 이용 안내

▶ **이용시간:** 24시간 개방. 단, 너무 늦은 시간은 위험하니 피하는 게 좋음.   ▶ **주소:** Malecón Cisneros, Miraflores, Lima   ▶ **위치:** 미라플로레스 해변가

Tip 1.
미라플로레스(Miraflores)는 리마의 신시가지 지역으로 스페인어로 '꽃들을 보라.'라는 뜻을 가지고 있다.

Tip 2.
모자이크 조각에 새겨진 사랑의 문구들
ES DIFICIL HACER EL AMOR PERO SE APRENDE.
사랑하는 것은 어렵지만 그것을 통해 배울 수는 있다.
SOY INCORREGIBLE EN EL AMOR.
나는 사랑에서만큼은 완벽하지 않다.
MI RECUERDO ES MAS FUERTE QUE TU OLVIDO.
나의 기억이 당신을 잊는 것보다 더 강하다.
VUELVE MI PALOMITA, VUELVE A TU DULCE NIDO.
나의 비둘기야! 너의 포근한 둥지로 돌아오렴.
ES TUPENDO AMOR AMOR EL MAR.
바다와도 같이 넓고 큰 사랑이여!

수도를 끼고 바다를 벗삼아 공원이 만들어진 곳이 이곳 말고 또 있을까? 공원에 들어서기 전까지는 바다가 있을 것이라고 상상도 못했다. 황량한 거리 풍경과는 대조적인 공원의 모습이다. 아모르 공원이라는 이름에 걸맞게 곳곳에서 연인들은 사랑을 표현하고 있다. 바닷바람에 머리를 휘날리며 애정 어린 눈빛으로 서로를 바라보는 연인도 있다. 큐피드의 화살도 저렇게 달콤하지는 않을 것 같다. 도로를 사이에 두고 치열한 삶의 현장과 사랑의 현장. 두 세상이 공존한다. 절벽 위에서는 한 남자가 패러글라이딩을 하려고 도움닫기를 한다. 날개를 펼치자 끝없이 펼쳐진 태평양으로 날아오른다. 가슴이 뻥 뚫리는 듯한 시원한 모습이다. 맞은편 잔디밭에서는 어린아이들이 방방 뛰어다닌다. 아모르 공원에는 자유가 있고 사랑이 있었다. 밤새 숨 가쁘게 날아온 피로가 커피 한 잔과 함께 태평양으로 날아가버린다.

아모르 공원

어떻게 가야 할까?

 센뜨럴 공원(Parque de Central)에서 성당을 정면으로 본다.

 오른쪽으로 고개를 돌려 샌드위치 가게 위층 유스호스텔 '플라잉독(FLYING DOG)' 건물 쪽으로 나간다.

3 공원을 나온 후 왼쪽으로 직진해 케네디 공원(Parque Kennedy)을 지난다.

4 케네디 공원을 지나 앞쪽을 보면 '말레꼰(MALECÓN)'이라고 적혀 있는 이정표가 나온다.

 오른쪽으로 길을 건넌 후 직진하면 '옹(WONG)'이라고 적혀 있는 건물이 보인다.

6 두 블록을 지나면 오른편에 '클리닉(CLINIC)'이라
고 적혀 있는 병원 건물이 보인다.

7 약 100m쯤 직진하면 사랑의 공원이다. 센뜨럴
공원에서 15분 정도 소요된다.

Tip 1.

6월 7일 공원(Parque 7 de Junio)과 케네디 공원(parque de kenedy)을 합쳐 센뜨럴 공원이라고 한다. 6월 7일
공원은 남미태평양전쟁이 일어났던 1880년 6월 7일, 아리카(Arica) 지역에서 칠레 군대에 항복하지 않고
마지막까지 항전한 페루 군대 영웅 프란시스코 보로그네시(Francisco Bolognesi)와 페루 군인들을 기념하기
위해 날짜 '6월 7일'을 새긴 공원이다.

Tip 2.

남미태평양전쟁

1879~1884년 페루, 볼리비아, 칠레는 초석 매장지인 아타카마 사막 지역을 놓고 자원 분쟁을 일으킨다.
1883년 칠레가 승리하면서 페루는 아리카 해안지역을, 볼리비아는 해안가 도시를 빼앗기게 된다. 이 전
쟁에서 볼리비아는 해안가 도시를 빼앗기며 바다 없는 내륙국이 되었다.

Tip 3.

이카행 버스표 예약하기

첫날을 보내기 전에 둘째 날 일정인 이카(ica)행 버스표를 미리 예약해두는 것이 좋다. 숙소 로비에 있는
컴퓨터로 직접 사이트 접속 후 예약하거나 숙소에 상주하는 여행사 직원을 통해 예약을 의뢰한다. 여행
사를 통한 예약 의뢰시 직원에게 버스비를 지불한 후 예약증을 받고 출발 당일 터미널 카운터에서 좌석
표로 교환한다. 성수기에 예약 없이 터미널 이동시 행선지 표를 구하지 못할 수도 있다.

아모르 공원
어떻게 돌아보지?

하트형 나무 덩굴 입구에서 태평양을 배경으로 사진 촬영을 하자. 사랑의 공원을 찾은 연인들은 신고식이라도 하듯 모두들 이곳에서 사랑의 쉼표를 만들고 이동한다.

타일로 모자이크된 사랑의 문구들을 볼 수 있다. 47쪽 'tip 2'에 소개된 문구들을 재미삼아 찾아보자.

50m 정도의 산책길을 따라 사랑의 공원을 감상하자.

페루 조각가 빅토르 돌핀이 만든 사랑의 공원 하이라이트 남녀 키스 조형물이다. 태평양 파도처럼 그들의 키스가 강렬하다.

공원 끝 지점에서 낭떠러지 아래를 보면 태평양의 멋진 모습을 볼 수 있다.

곧게 솟아 있는 야자수가 하늘을 찌를 듯하다. 야자수를 벗삼아 태평양의 정취를 맘껏 즐겨보자.

길을 따라 출구로 나오면 간이 커피숍이 있다. 커피 한 잔으로 첫날의 피로를 태평양을 바라보며 날려보자.

커피숍을 지나 약 50m쯤 이동하면 태평양을 배경 삼아 패러글라이딩을 즐기는 모습을 볼 수 있다.

미라플로레스가 페루에서 가장 안전한 지역임을 증명이라도 하듯 공원 잔디밭에서는 휴식을 즐기는 여유로운 사람들이 가득하다.

리마인들의 삶을 볼 수 있는 전통시장,
스르끼요 전통시장

Mercado de Surquillo #1, 메르까도 데 스르끼요

스르끼요 전통시장은 요리사와 미식가들을 위해서 만들어진 시장으로, 시장에는 농산물이나 전통음식을 판매하는 노점과 최상의 서비스를 제공하는 아담한 레스토랑들이 즐비하다. 페루음식이 만족스럽지 않다면 이곳에서 직접 음식 재료를 구입할수도 있다. 시장의 가장 활기찬 모습을 보기 위해서는 아침에 방문하는 것이 좋다. 스르끼요 전통시장만의 매력적인 모습을 볼 수 있을 것이다.

이곳은 페루 요리사 가스톤 아쿠리오(Gastón Acurio)의 찬사로 국제적인 명성을 얻게 되면서 리마 방문시 반드시 관광해야 할 필수코스로 알려졌다. 매일 열리는 시장에는 아마존 열대우림 지역에서 생산한 이국적인 과일, 안데스 산맥에서 배송된 감자, 각종 향신료, 태평양에서 잡아 올린 해산물, 알파카와 꾸이(Cuy: 남미 기니피그)를

포함한 다양한 육류들이 있다.

어느 나라를 가도 그렇듯, 시장을 거닐다 보면 페루 사람들의 삶이 엿보인다. 관광객들이 오가는 모습을 시큰둥하게 바라보는 듯하지만 흔치않게 호객행위도 접할 수 있고, 물건을 사려다 그냥 놓아두면 언짢은 표정을 짓는 상인들도 있다. 지구 반 바퀴를 날아왔지만 사람 사는 모습은 다 비슷하다는 생각이 든다. 시장에서 유명한 100% 천연 생과일주스도 마셔보고, 그들의 전통음식인 세비체도 맛보면서 가장 페루다운 모습에 취해보자.

✚ 이용 안내

▶ **영업시간:** 가게들마다 다름. 단, 늦은 오후 시간에 방문하면 대부분의 가게 영업이 종료됨.　▶ **주소:** Miraflores, Lima

시장에 들어서자 '내가 지금 페루에 있구나!'라는 생각이 강렬하게 들었다. 곳곳에 자리 잡은 페루 여인들에게는 시장통의 억척스러움이 묻어나며, 우리나라에서 쉽게 볼 수 없는 파파야, 망고 등 열대과일들이 산더미처럼 쌓여 있다. 코끝에 전해오는 달달한 과일향이 시장 구경을 더 즐겁게 해준다. 옛 장터처럼 정겨움이 가득하다.

시장 한편에 있는 노점에서 따뜻한 닭고기 스프 한 그릇으로 차가운 기운을 달래기도 한다. 해산물이 가득한 곳으로 발걸음을 옮기니 아주머니 한 분이 명함을 주며 "우리 가게 세비체가 제일 맛있다. 오늘은 가게 문을 닫았으니 내일 아침에 꼭 와라."라며 호객행위를 한다. 페루에서 가장 맛있다는 세비체를 즐길 수 있을 것 같아 내일이 기다려진다. 오늘의 아쉬움은 저렴하고 건강에 좋은 파파야주스 한 잔으로 달래본다.

스르끼요 전통시장
어떻게 가야 할까?

1 미라플로레스 센뜨럴 공원에서 도보로 약 15분 정도 소요된다. 우선 센뜨럴 공원 앞 성당이나 오른편 인포메이션 센터를 등지고 직진한다.

2 계속 직진해 센뜨럴 공원 안으로 들어간다.

3 출구로 나온다.

4 출구에서 나오면 로터리가 보인다.

5 로터리 오른편에 '스르끼요(Surquillo)'라고 적힌 이정표를 보면서 오른쪽으로 횡단보도를 건넌다.

횡단보도를 건너 코너를 돌면 오른편에 '레스토 랑 카페 스위스 바(Restaurant Cafe Suisse Bar)'가 있다.

7 직진해서 첫 번째 블록 끝 지점에서 왼편 45도 위를 보면 '아베니다 라 빠스(Av. la Paz)'라고 적 혀 있는 표지판이 보인다.

8 첫 번째 블록을 지나 오른편을 보면 중국 식당 이 보인다.

9 두 블록 끝 지점까지 직진해 왼편을 보면 '메르 까도(Mercado)'라고 적혀 있는 것을 볼 수가 있다.

스르끼요 전통시장
어떻게 돌아보지?

스르끼요 전통시장 입구로 들어간다. 입구부터 들려오는 고함소리가 여느 나라 시장처럼 활발함과 사람 사는 냄새를 전해준다.

입구에 들어서서 왼쪽 길을 따라 걸으면 야채와 열대과일을 파는 가게들을 볼 수 있다. 상큼한 과일향에 저절로 기분이 좋아진다.

열대과일이 가득한 길을 지나 계속 길을 따라 걸으면 닭고기 등의 육류를 파는 가게들이 몰려 있는 곳이 나온다.

입구 근처에는 100% 천연 생과일주스를 파는 가게가 있다. 눈앞에서 직접 믹서로 갈아주는 천연 생과일주스를 한번 마셔보자(파파야주스 3.5솔~, 햄버거 2.5솔~).

리마의 심장과도 같은 문화 중심지,

아르마스 광장

Plaza de Armas, 플라자 데 아르마스

아르마스 광장은 리마의 심장과도 같은 곳이며, 메이어 광장(Plaza Mayor)이라고
도 부른다. 광장은 중요한 건물들로 둘러싸여 있다. 북쪽으로는 대통령궁(Palacio de
Gobierno), 동쪽으로는 대주교 궁전(Palacio Arzobispal de Lima)과 리마 대성당(Cathedral de
Lima)이 있으며, 남쪽으로는 출판 검열 본부(Sede de la revista Caretas), 서쪽에는 산토도
밍고 교회와 수도원(Iglesia y Convento de Santo Domingo)과 리마 시청(Palacio Municipal de
Lima)이 있다. 1535년 정복자 프란시스코 피사로(Francisco Pizarro)가 광장의 위치를 지
정하고 설계했으며, 아르마스 광장은 주닌(Junin)과 카라바야(Carabaya)가 만들었다.

광장에 세워진 첫 번째 건물은 1578년에 총독 프란시스코 데 톨레도(Francisco de
Toledo)가 만든 중앙 분수로, 분수 위 동상은 한쪽에 방패를 들고 다른 손에 총독

톨레도의 문장이 그려진 깃발을 들고 있다.

북쪽에 위치한 대통령궁은 페루 정부의 본부이자 대통령 관저로, 정복자 피사로와 독립운동의 영웅 시몬 볼리바르(Simón Bolívar), 1978년 페루를 공식 방문한 스페인 국왕 후안 카를로스 1세(Juan Carlos I)를 비롯해 42여 명의 총독과 53명의 지도자가 거쳐 갔다.

동쪽에 위치한 대주교 궁전은 1924년 완공된 리마 대주교의 관저이자 리마 대교구의 행정 본부다. 리마의 추기경 후안 루이스 치프리아니(Juan Luis Cipriani) 주교의 사옥도 이 안에 있다. 리마 대성당은 1535년 공사를 시작해 1555년 완공되었지만 대지진으로 파괴된 후 1758년 원형으로 복구되며 공사가 마무리되었다. 리마 대성당은 수많은 식민지 예술품과 금으로 덮인 제단, 아름다운 성가대석으로 유명하다.

서쪽에 위치한 산토도밍고 교회 안에는 12사도의 그림이 보관되어 있고, 교회 지하는 식민지 당시 공동묘지로 사용되었으며, 스페인 식민지 시절 노동자 7만 명의 뼈를 모아놓은 납골당이 자리하고 있다. 교회 옆에는 1562년에 지어진 수도원이 자리를 잡고 있다.

유네스코는 1991년 12월 21일 리마의 구시가지 센뜨로를 세계문화유산으로 선정했다. 유네스코의 이러한 결정으로 리마 시정부는 구시가지를 대대적으로 보존·재건하기 시작했으며 그 중심에는 아르마스 광장이 있다. 정사각형 속에 마련된 도심의 중심부 아르마스 광장을 방문해 또 다른 페루의 멋에 빠져보자.

✚ 이용 안내

▶**주소:** Jirón de La Unión Cuadra 3, Lima　▶**전화번호:** (+51)1-632-1542

Tip.

수도 리마는 예전에 '스페인 왕들을 숭배하라.'라는 의미로 '왕들의 도시'라고 불렸는데, 스페인에서 현자를 축하하는 날인 1월 6일에 리마가 발견되었기 때문이다. 한때 이 도시는 파나마, 아르헨티나, 아마존까지 관할하는 광대한 지역의 수도였다. 그러다 1535년부터 케추아어에서 유래된 '리마(Lima: 이야기꾼)'라는 새로운 이름으로 알려지기 시작했다.

아르마스 광장에 들어서자 비밀의 문이 열렸다. 영화에서나 본 듯한 고대 유럽의 도심의 모습에 '여기는 페루가 아니라 유럽인 걸까?' 싶었다. 가장 멋지게 자리를 잡은 대통령궁으로 걸음을 옮겨본다. 제복을 갖춰 입고 궁 앞에 서 있는 근위병들은 잘 조각된 마네킹 같다. 본능적으로 카메라를 들어 셔터를 눌러도 근위병들은 작은 미동도 없다. 오랜 시간 페루를 지켜온 아르마스 광장처럼 말이다.

광장에는 계단에 걸터앉아 오후 햇볕을 쬐는 사람들, 사진을 찍으며 주위를 천천히 둘러보는 관광객들, 수업을 마친 학생들이 함께하고 있었다. 남미 여행이 위험할 거라는 편견을 깨기 위해서인지 리마 시정부는 관광객들의 안전에 최선을 다하는 모습이다. 광장 주변에는 차량 진입이 전면 통제되어 있으며, 군견과 함께 빨간 베레모에 방탄복을 입은 경찰들이 곳곳에 상주하고 있었다. 광장을 둘러보다 문득 저 거대한 건물들을 세우기 위한 돌들을 대체 어디서 가져왔을까 하는 의문이 들었다.

아르마스 광장

어떻게 가야 할까?

1 미라플로레스 센뜨럴 공원 정문(성당 옆)에서 출발한다.

2 센뜨럴 공원 정문을 등지고 왼편에 있는 횡단보도를 건넌다.

3 횡단보도를 건너 오른쪽으로 방향을 잡고 두 블록을 내려가면 왼편에 BCP은행이 있고, 오른쪽에 '빠라데로(PARADERO)'라고 적혀 있는 버스 정류장이 있다.

4 파란색 버스가 오면 버스 번호에 상관없이 아무 버스나 타면 된다. 아르마스 광장까지 40분 이상 걸린다. 센뜨럴 공원 바로 앞에서 버스를 타도 되지만, 두 블록 내려가서 버스를 타면 앉아서 갈 수 있다.

5 스물여섯 번째 정류장을 지나 '까요(Callo)'에서 하차한다. 내리면 바로 앞에 'CALLO'라고 적힌 이정표가 보인다. 정류장을 세기 어려우면 중간중간에 "까요?"라고 물어보면 된다. 대부분의 페루인들이 친절히 알려준다. 안내방송은 따로 없으며, 가끔 버스기사가 안내할 때도 있지만 기사에 따라 다르다.

6 내려서 버스가 이동하는 방향으로 직진한다. 정면에 'CALLO'라는 이정표를 볼 수 있다.

7 '498'이라고 적힌 벽면을 기준으로 오른쪽으로 직진한다.

8 세 번째 블록을 지나면 왼편에 '리브레리아 산 파블로(Libreria san Pablo)'라는 건물이 보인다.

9 네 번째 블록을 지나면 아르마스 광장이다.

Tip.

호스텔 플라잉독에서는 투숙객들을 대상으로 매일 30명에 한해 아르마스 광장에 갈 수 있는 교통편을 무료로 제공한다.

아르마스 광장

어떻게 돌아보지?

광장 정중앙에는 톨레도 동상의 분수대가 있다. 분수대가 세워지기 전 프란시스코 피사로의 동상이 세워져 있었지만 2001년 원주민 출신 톨레도가 당선되면서 피사로의 동상은 철거되고 분수대가 세워졌다. 물을 내뿜는 조형물을 보면 위에는 스페인의 상징인 사자가, 아래에는 잉카의 상징인 날개 달린 퓨마상이 있다.

광장 북쪽 방향에 대통령궁이 있다. 네오바로크 양식의 건축으로 피사로가 디자인해 1926년 건축이 시작되었지만 1938년에서야 완공되었다. 1941년 피사로가 암살되기 전까지 거주했던 장소다. 궁 근처에는 경비병과 정식 제복을 갖춘 근위병이 있다. 월~토요일 오전 11시 45분에는 건물 앞에서 근위병들의 교대식이 열린다. 교대식 유니폼은 1824년 독립전쟁 때 입은 군복과 같다.

동쪽에는 대주교 궁전이 있다. 대주교 궁전은 현재 후안 루이스 치프리아니 추기경의 거주지이자 사무 공간으로 이용되고 있다.
관람시간: 월~금(09:00~17:00), 토(10:00~13:00), 일(13:00~17:00) **관람료:** 30솔~

대주교 궁전 오른편에는 리마 대성당이 있다. 페루에서 가장 오래된 성당으로 1555년 완공되었지만 지진으로 파괴된 후 증축과정을 거치며 1758년에 원형으로 복구되었다. 내부에는 은으로 조각한 제단, 14세기부터 내려오는 종교화, 잉카의 초상화, 상아로 만든 예수상이 있으며, 프란시스코 피사로의 유해가 안치되어 있다.

남쪽으로는 출판 검열 본부가 있다. 페루에 가장 유명한 저널은 1950년에 도리스 깁슨이 창간한 주간지 〈카레따스(caretas)〉다.

서쪽으로는 2개의 노란색 건물이 있는데 남쪽 근 처에 있는 노란색 건물은 고급 레스토랑이며, 바 로 옆 노란색 건물이 리마 시청이다.

리마 시청과 대통령궁 사잇길로 들어가 한 블록을 지나면 오른쪽에 산토도밍고 교회와 수도원이 있 다. 산토도밍고 교회에는 전망대가 있는데, 혼자 라면 이용할 수 없다. 만약 가이드 동반 단체 관람 객이 있다면 개인적으로 비용을 지불하고 올라가 서 구경할 수 있다.
관람시간: 월~토(08:00~13:00, 14:00~20:30), 일 (08:00~14:00) **입장료:** 7솔~

산토도밍고 교회와 수도원 뒤편에는 리막 정원 (Parque Rimac)도 있다. 거리에는 리어카 행상들이 액세서리 및 기념품을 팔고 있다. 여유롭게 둘러 보며 페루를 담기에 좋은 곳이다.

리마를 한눈에 담을 수 있는 곳,
산 크리스토발 전망대

Mirador del Cerro San Cristóbal, 미라도르 델 쎄로 산 크리스토발

스페인은 오늘날의 리마인 시우다드 데 로스 레이에스(Ciudad de Los Reyes)를 건설한 후 도시를 둘러싸고 있는 산 크리스토발 언덕에 십자가를 세웠다. 산 크리스토발 언덕은 스페인의 요새가 있었던 곳으로 원주민의 극한 저항이 계속되던 장소다. 산 크리스토발의 십자가는 처음 잉카가 리마를 포위해 공격하는 동안 파괴되었다. 잉카와 스페인 간의 계속되는 전쟁에서 결국 스페인이 승리를 거두자 1535년부터 산 크리스토발 언덕을 '쎄로 산 크리스토발(Cerro San Cristóbal)'이라고 명명했고 프란시스코 피사로가 나무십자가와 성당을 세웠다. 324m의 작은 언덕이며, 정상에는 14m 높이의 백색 성모마리아상이 있다.

새해가 되면 페루의 무속인들이 세계 지도자나 유명인사의 새해 운을 점치고 기

원하는 행사를 연다. 이때 페루뿐만 아니라 중남미 모든 국가의 복을 기원한다. 페루 국민의 90% 이상이 가톨릭 신자인데, 페루의 가장 가톨릭적인 장소에서 매년 무속인의 행사가 열린다는 사실은 참 아이러니한 일인 것 같다.

전망대를 오르면 중앙에 있는 십자가 주변에서 그들의 안위와 복을 기원하는 페루인들의 모습을 볼 수 있다. 청명한 날씨에 언덕에 오르면 리마 시내의 모습과 함께 태평양까지 한눈에 조망할 수 있다. 첫날의 일정은 전망대에 올라 리마의 모습을 조망하며 마무리하자.

정상에 오르니 눈앞 가득히 들어오는 리마 시내 모습이 정겹다. 스모그 속 희미하게 드러낸 모습에서 중남미 중심으로 발돋움하는 페루의 모습이 보인다. 언덕 쪽으로 고개를 돌리면 산허리를 잘라 빼곡히 몰려 있는 집들이 보인다. 산의 반 이상을 삼켜버린 모습이다. 전망대에 오르지 않았다면 리마에 이런 빈민가가 있다는 것도 몰랐을 것이다. 경제 성장과 함께 리마로 인구가 몰리고 있다. 얼마 전까지 600만 명이었던 인구가 이제 800만 명을 넘어섰다고 한다. 이렇게 리마시 인구가 점점 늘어난다면 언젠가는 저 산이 통째로 잡아먹히게 될지도 모를 일이다.

크나큰 십자가가 언덕 정상에 턱하니 버티고 서 있다. 십자가 아래에는 휠체어를 탄 노부부가 간절히 기도를 하다. 십자가 주위를 천천히 돌기 시작한다. 노부부의 모든 상념이 지워지기를 함께 기도해본다.

산 크리스토발 전망대
어떻게 가야 할까?

▶ 투어 미니버스를 타고 가는 방법

 아르마스 광장 주변에 산 크리스토발이라고 외치는 사람들이 있다. 이들에게 투어 티켓을 구입하면 된다. 가격은 약 5솔 정도다.

 시간이 되면 티켓을 판매한 사람이 출발지인 산토도밍고 교회 앞으로 데리고 간다. 출발 후 가이드가 아르마스 광장 주변을 돌면서 주변 건물들의 유래와 역사, 건설년도 등에 대해서 간단하게 설명을 한다.

 20분 정도 이동하면 산 크리스토발 전망대에 도착한다.

▶ 택시를 타고 가는 방법

투어 미니버스를 기다리는 데 지친다면 택시를 타고 이동할 수도 있다. 왕복비용은 10~15솔 정도를 요구한다.

산 크리스토발 전망대
어떻게 돌아보지?

나무십자가와 주변을 구경한다. 십자가 주변에는 기도를 하는 사람들로 가득하다. 타다 만 초가 얼마나 많은 사람들이 복을 기원하러 이곳을 찾았는지를 알려준다.

박물관을 구경한다. 박물관에서는 아르마스 광장 주변 성당 사진 및 산 크리스토발 전망대 건립 과정을 볼 수가 있다.
입장료: 1.5솔∼

전망대에서 바라본 페루 시내 모습이다. 뿌옇게 자리 잡은 페루 시내 모습이지만 전망대를 들르지 않으면 한눈에 페루 모습을 볼 수가 없다. 곳곳에 보이는 공사 현장과 산허리까지 자리 잡은 집들이 페루 현재의 모습을 여실히 보여준다.

> ### Tip.
> 아르마스 광장에서 산 크리스토발 전망대를 가다 보면 미라플로레스와는 느낌이 확연히 다른 빈민가를 볼 수 있다. 가끔 빈민가 산책을 원하는 관광객이 있지만 하지 않는 것이 좋다. 택시기사나 현지인들도 절대 권유하지 않는다. 도보로 빈민가를 지나면 가지고 있는 소지품을 소매치기당할 수도 있기 때문이다. 그러므로 빈민가 산책은 삼가고, 산 크리스토발 전망대를 갈 때는 반드시 미니버스나 택시를 이용하도록 하자.

페루의 전통요리 세비체를 즐길 수 있는 곳,

엘 세비차노(El Cevichano)

태평양 연안을 따라 발달된 페루는 세계적인 수산물 생산국이며, 지리적 영향으로 해산물 음식이 자연스럽게 발달했다. 역사적으로는 신대륙을 개척한 스페인과 20세기에 도착한 중국 이민자, 일본인들의 영향으로 스페인, 중국, 일본, 안데스 요리가 섞여 독특한 페루 고유의 음식으로 진화되었다. 페루음식은 2012년 미국 경제지 〈포브스〉가 선정한 음식 트렌드에 당당히 선정될 정도로 세계적으로 유명하다.

이런 페루 요리 중 가장 대표적인 메뉴가 세비체(Ceviche)다. 세비체는 간단히 말해 날생선 요리다. 민물생선, 바다생선, 각종 해산물을 잘게 썰어 레몬이나 라임 같은 감귤류에 담근 후 고수, 고추, 양파, 다진 마늘, 소금 및 향신료를 넣고 숙성시킨다. 일정 시간이 지나면 재료에 진한 국물이 흡수되어 새콤하고 독특한 맛을 만들어낸다. 생선의 새콤달콤한 맛과 양파의 아삭한 식감이 일품이다. 세비체의 생명은 '신선함'이니 내륙 지방보다 태평양에 근접한 도시에서 즐겨보자.

"세비체와 잉카콜라 없이 페루의 식도락을 논하지 말라."라는 말이 있을 정도이니 페루 여행의 첫날에는 리마의 전통시장 안에 위치한 엘 세비차노에서 세비체에 빠져보자.

➕ 이용 안내

▶ **영업시간:** 11:00~16:00　▶ **가격:** 15솔~　▶ **주소:** Paseo de la República Mercado N 1 pto 191-surquillo

느낌 한마디

생선이 널려 있는 공간에 비해 음식을 먹을 수 있는 공간은 몇 명만 앉을 수 있을 정도로 아주 작다. 이미 음식을 먹고 있던 현지인이 나를 흘낏 본다. 정갈한 유니폼을 입은 종업원이 메뉴판을 건넨다. 메뉴판에는 새우와 생선(연어, 방어 등) 종류만 적혀 있다. 나는 방어 세비체를 주문했다. 먼저 생선뼈를 푹 고아서 만든 스프가 나온다. 처음 먹어본 스프는 기름기가 없고 담백했다. 스프 한 그릇을 비우자 세비체가 나왔다. 입안 가득 쫄깃하게 밀려드는 식감과 레몬 냄새가 코끝을 자극했다. 은근히 중독성 있는 맛이었다. 나도 모르게 입안 한가득 세비체를 넣고 있었다.
바로 옆에 앉은 페루인들은 세비체에 맥주를 마시고 있었다. 세비체는 안주로도 손색이 없다. 페루를 떠나기 전 꼭 세비체에 맥주 한 잔을 먹겠노라 다짐한다. 직원들의 친절까지 배어 있는 세비체의 레몬향이 숙소로 돌아오는 내내 입안을 가득 채웠다.

엘 세비차노

어떻게 가야 할까?

1 센뜨럴 공원 앞 성당이나 오른편 인포메이션 센터를 등지고 직진한다.

2 직진하다 보면 공원이 나오는데, 공원 안으로 들어가 계속 직진한다.

3 공원 출구로 나오면 로터리가 보인다. 로터리 오른편 '스르끼요(Surquillo)'라고 적힌 이정표를 보면서 횡단보도를 건넌다.

4 횡단보도를 건너 코너를 돌면 오른편으로 '레스토랑 카페 스위스 바(Restaurant Cafe Suisse Bar)'가 있다.

5 직진해서 첫 번째 블록 끝 지점에서 왼편으로 45도 위를 보면 '아베니다 라 빠스(Av. la Paz)'라고 적혀 있는 것이 보인다.

6 계속 직진해서 두 블록 끝 지점에서 왼편을 보면 '메르까도(Mercado)'라고 적혀 있는 것을 볼 수가 있다. 참고로 두 번째 블록은 꽤나 길이가 길다.

7 길을 건너 메르까도 입구 도착 전에 길거리 물건 가판대들을 볼 수가 있다.

8 시장 입구에 들어서서 왼편 통로로 길을 잡는다. 직진하면 왼편에 제대가 보이며, 오른쪽 길로 들어가면 왼편에 식당이 보인다.

Tip.

센뜨로 데 리마(Centro de Lima), 차부까 그란다(Chabuca Granda) 공원에서는 토요일과 일요일에 음식 바자회 '페리아 가스트로노미까(Feria Gastronómica)'가 열린다. 다양한 페루음식을 접하고 싶고 일정이 허락된다면 방문해보자(공사나 행사시 변동 가능성이 있다).

위치: 아르마스 광장 대통령 궁 뒤편 **운영시간:** 12:00~22:00

〈꽃보다 청춘〉이 반한 샌드위치,
라 루차 상구체리아(La Lucha Sanguchería)

라 루차 상구체리아는 샌드위치, 주스, 청량음료 및 저알코올 음료를 파는 가게로, '루차(Lucha)'는 스페인어로 레슬링, 격투, 싸움이라는 뜻을 가지고 있다. 주인장은 레슬링처럼 매일 목표 달성을 위해 노력하고 헌신하고자 하는 데서 영감을 얻어 루차라는 가게의 이름을 지었다고 한다. 가게 이름에는 자신의 가게뿐 아니라 페루가 매일 꿈과 희망, 삶의 프로젝트를 달성했으면 하는 주인장의 간절한 소망이 담겨 있는 것이다.

　라 루차 상구체리아는 현재 리마에 세 군데의 분점이 있고 단체 주문도 가능하다. 또한 가게를 방문할 수 없는 고객을 위해 '루차 버스(Lucha Bus)'를 운영해 어디에서나 쉽게 음식을 접할 수 있도록 노력하고 있다. 이곳에서는 구운 돼지고기, 칠면조,

햄, 치즈 등의 다양한 재료를 첨가한 샌드위치를 판매하는데, 손님이 원할 경우 샌드위치뿐 아니라 햄버거 형태로도 먹을 수 있다. 빵 종류 이외에도 붉은 양파 샐러드, 튀긴 감자가 준비되어 있으며, 100% 천연 생과일주스도 즐길 수 있다. tvN의 〈꽃보다 청춘〉 출연자들이 반한 샌드위치를 즐겨보자.

✚ 이용 안내

▶ **영업시간:** 08:00~새벽 01:00(일~목), 08:00~새벽 03:00(금~토) ▶ **가격:** 10솔 이상 ▶ **주소:** Av. Oscar R. Benavides 308, Miraflores, Lima ▶ **홈페이지:** www.lalucha.com.pe

직원들은 정갈한 하얀색 유니폼을 입었고, 내부 인테리어는 깔끔하고 고급스러웠다. 하루 종일 문전성시를 이루며 새벽까지 불을 밝히고 있었다. 어두워지면 위험하다고 귀가 따가울 정도로 들었던 중남미 페루의 모습은 아니었다. 무엇을 주문해야 될지 몰라 추천을 받고 '믹스토(mixto)'를 주문했다. 주문을 하고 나니 이름을 가르쳐달란다. 아니, 샌드위치 하나 주문하는데 무슨 이름까지 물어보나 싶었지만 알고 보니 주문자가 워낙에 많아 주문한 음식이 나오면 이름을 호명하는 것이었다.

샌드위치 한 조각을 받아들고 야외 테이블에 자리를 잡아본다. 해가 지고 어둠이 찾아온 거리의 모습이 편안해보인다. 샌드위치를 한입 베어 물자 바삭함이 느껴진다. 부드러우면서도 햄과 교묘히 섞인 맛이 양념을 따로 첨가할 필요가 없었다. 문전성시를 이루는 이유를 알 것 같다. 무엇보다 친절한 직원들 덕분에 맛이 배가되는 듯하다. 사진을 찍어도 되겠냐는 질문에 흔쾌히 웃어주어 기분 좋게 하루를 마무리한다. 무엇을 먹을지 고민하는 여행자들은 이곳 샌드위치로 한 끼 식사를 대신하는 것도 좋을 것이다.

라 루차 상구체리아

어떻게 가야 할까?

센뜨럴 공원에서 성당을 정면으로 보고 오른편으로 고개를 돌리면 플라잉독(Flying Dog) 호스텔이 보인다.

유스호스텔 바로 밑에 라 루차 상구체리아가 있다.

Tip.

카운터에서 주문을 하면 직원이 "빠라 코메르 아끼(Para comer aqui: 여기서 드시나요?)" 또는 "빠라 예바르(Para llevar: 포장하시나요?)"라고 물어본다. 이때 각자 상황에 맞게 대답하면 된다. 매장 안에서 먹을 계획이라면 "빠라 코메르 아끼, 뽀르 파보르(Para comer aqui, por favor),"라고 대답하고, 포장을 할 거라면 "빠라 예바르, 뽀르 파보르(Para llevar, por favor),"라고 하면 된다. 비용을 지불하고 나면 이름을 물어보는데, 주문한 음식이 나오면 마이크로 이름을 호명하기 위함이니 당황하지 말자.

페루에서 즐길 수 있는 최고의 칵테일,
피스코 사워(Pisco Sour)

페루의 대표적인 포도 증류주인 피스코는 16세기 페루의 항구도시 피스코(pisco: 케추아어로 '새'를 뜻함)에 정착한 스페인 이민자들이 만들었으며, 도시의 이름을 따서 '피스코'라고 불렀다. 피스코는 백포도즙을 일정기간 발효시킨 후 유리나 스테인레스로 만든 용기에 3개월 이상 숙성시킨 것으로, 그대로 마시기도 하지만 38~48도의 독주이기 때문에 대개는 칵테일로 만들어 마신다. 피스코를 베이스로 하는 대표적인 칵테일 '피스코 사워'는 페루의 국민 칵테일이라고 할 정도로 페루인들이 즐겨 마신다. 피스코, 라임주스, 시럽, 계란 흰자를 섞어서 만드는데, 달콤한 맛이 난다.

피스코 사워는 센뜨로 리마에서 탄생했다. 처음 캘리포니아 이민자 빅토르 모리스(Victor Morris)가 1933년 '바 모리스(Bar Moris)'를 오픈하면서 위스키 사워의 레시

피에 바탕을 두고 우연히 만들어졌다. 피스코 사워가 크게 인기를 얻으면서 리마에서 가장 큰 호텔이었던 호텔 볼리바(Hotel Bolivar)와 호텔 마우리(Hotel Maury)의 고객들에게까지 제공되었다고 한다. 계란 흰자가 들어간 피스코 사워는 '바 마우리(Bar Maury)'에서 일하던 엘로이(Eloy)라는 사람에 의해서 처음 알려졌다. 엘로이는 오리지널 피스코에 계란 흰자를 넣으면서 더 부드러운 피스코 사워를 만들었다. 페루 여행지의 모든 식당과 술집에서는 피스코 사워를 즐길 수 있다. 페루 여행을 마치기 전 가장 페루다운 칵테일 피스코 사워를 즐겨보자.

Tip 1.
피스코 사워는 첨가되는 열대과일에 따라 그 종류가 다양하다. 망고 피스코 사워, 그라나디야 피스코 사워, 라꾸마 피스코 사워, 뚜나 피스코 사워 등 골라 마시는 재미가 있다.

Tip 2.
피스코 사워의 원조는 마우리 호텔의 '바 마우리'에서 맛볼 수 있다. 아르마스 광장에서 동쪽 리마 성당과 남쪽 출판 검열 본부 사잇길로 접어들어 첫 번째 블록 끝 지점까지 직진하면 마우리 호텔이 보이는데, 마우리 호텔 정문 오른편에 바 마우리가 있다.
영업시간: 12:00~23:00 **가격:** 피스코 사워 심플레 12솔~ **주소:** Jirón Carabaya 399, Lima **전화번호:** (+51)1-428-8188

페루에 오면 피스코 사워를 꼭 맛보아야 한다는 이야기를 들었다. 술을 잘 하지는 못하지만 '칵테일인데 도수가 얼마나 높겠어?'라며 가볍게 한 잔을 주문했다. 살짝 입을 대니 잔 위의 계란 흰자 거품이 부드러운 맛을 전했다. 무엇보다 라임주스의 시원하면서도 상큼한 맛이 칵테일을 쉽게 마시게 했다. 하지만 기본적으로 도수가 높은 피스코여서 그런지 칵테일이라도 꽤 독했다. 독한 맛은 거품 위에 뿌려진 계핏가루의 향이 조금 내려주는 듯했다. 자칫 시고 자극적일 수 있는 피스코 사워는 라임, 시럽, 계핏가루의 조화로 부드러운 맛을 선사했다.

미라플로레스에서 보내는 여유로운 한때,
6월 7일 공원(7 de Junio)과
케네디 공원(Parque Kenedy)

6월 7일 공원과 케네디 공원은 언제나 페루 현지인과 관광객들로 가득하다. 주위에는 경찰들이 상주해 있기 때문에 저녁에도 전혀 위험하지 않다. 동트는 새벽에 찾으면 신문을 보면서 아침을 맞이하는 사람, 애완견과 함께 가벼운 산책이나 운동을 즐기는 사람, 출근길 직장인들의 구두를 닦는 구두닦이들을 볼 수 있다. 점심시간에는 공원 주변 직장인들이 커피 한잔과 함께 담소를 나누는 곳이기도 하다.

　이곳의 하이라이트는 해가 지고 난 저녁이다. 공원 내 광장에서는 음악과 함께 자유롭게 춤을 춘다. 특히 남녀노소 할 것 없이 모르는 사람들끼리 어울려 춤을 추는 모습에서 페루의 자유가 느껴진다. 누가 이곳 페루를 위험한 곳이라고 했던가! 그런 자유로움에 더해 저녁이면 다양한 먹거리가 등장한다. 하나둘 불을 밝힌 리어카가

몰려오면 사람들은 여기에서 저녁식
사를 때우기도 한다.

6월 7일 공원 바로 옆 케네디 공원
에서는 벼룩시장도 열린다. 가죽가방,
장신구, 액세서리 등 손으로 직접 만든
현지 수제품들이 많으니 산책 겸 꼭 둘
러보길 바란다.

아로스 삼비또

햄버거

팝콘(3솔 이상)

칠면조를 넣은 햄버거

떼께뇨스

둘째 날,

신비한 사막 속의
오아시스 이카

Peru

페루에서의 둘째 날, 리마 도심을 떠나 사막 속으로 달려가보자. 사막이라는 단어는 왠지 아프리카
에나 어울릴 듯하지만 이곳 중남미에, 그것도 고대 잉카인의 텃밭이었던 페루에도 사막이 있다. 버
스를 타고 이동하는 내내 이카가 어떤 모습으로 반길지 궁금함을 감출 수 없다. 이카 사막은 기대
를 저버리지 않고 여행자들의 가슴을 뛰게 할 것이다.

둘째 날, 일정 한눈에 보기

와카치나

V

버기카 투어

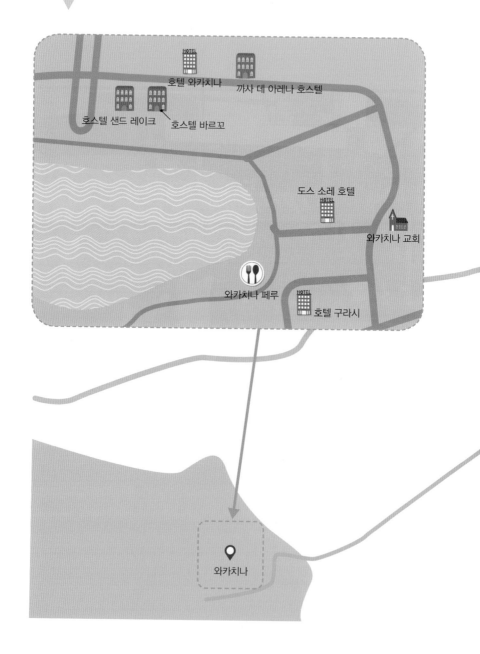

호텔 와카치나

까사 데 아레나 호스텔

호스텔 샌드 레이크

호스텔 바르꼬

도스 소레 호텔

와카치나 교회

와카치나 페루

호텔 구라시

와카치나

이카 터미널

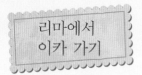

리마에서
이카 가기

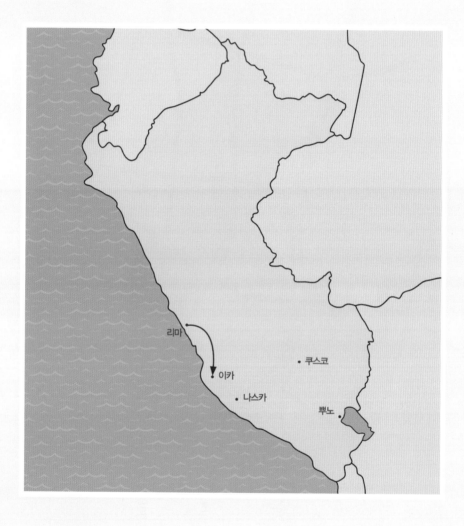

리마

이카

나스카

쿠스코

뿌노

1. 이카는 어떤 곳일까?

이카(Ica)는 페루 남서부의 도시다. 안데스 산맥 서쪽 경사면과 이카강을 형성한 좁은 계곡 사이에 위치한다. 이카는 태평양 사막 중간지대인 이카 계곡에서 생산되는 포도, 아스파라거스, 대추, 망고, 아보카도 등의 농산물을 수출한다. 이카에서 5km 떨어진 곳에 위치한 와카치나에서는 샌드보딩과 같은 역동적인 스포츠를 즐길 수 있어 관광객들의 발길이 끊이지 않는다.

이카는 9천 년 전 처음 이주자가 정착했고, 원주민들이 다양한 문화를 형성하면서 오랜 시간 거주했다. 그러다 스페인 정복자 헤로니모 루이스가 1563년 이카를 정복하면서 스페인 식민지가 되었다. 2007년 8월 15일 규모 8.0 지진으로 건물이 무너져 많은 인명 피해가 발생하기도 했다. 당시 지진 피해의 모습은 지금도 이카 성당에 남아 있다.

2. 리마에서 이카로 이동하기

크루즈 델 수르(Cruz del Sur)를 타고 이동한다. 이카에서의 오후 일정을 위해서는 최소 오전 10시에는 버스를 타야 한다. 계절마다 출발 시간이 다르니 예약시 체크하자.

출발 시간: 06:00, 06:30, 10:00
버스 요금: 36솔~(1층과 2층의 요금이 다르며, 2층이 1층보다 저렴하다.)
소요 시간: 4시간 정도

① 떼르미날 하비에르 쁘라도(Terminal javier prado)로 간다.

② 안으로 들어가 카운터 직원에게 바우처를 제시하고 표를 받는다.

③ 카운터 맞은편 짐 보관소에 짐을 맡기고 짐 티켓을 받는다.

④ 승차 시간이 되면 출구로 나간다.

⑤ 승차 전 가방과 몸을 엑스레이 탐지기로 조사받은 후 탑승한다.

⑥ 출발 전 비디오로 탑승 승객을 다시 확인한다.

미라플로레스나 센뜨로에서 크루즈 델 수르 터미널로 이동하기 위해서는 택시를 이용하는 것이 좋다. 한 번에 바로 가는 시내버스도 없으며, 대중교통도 잘 발달되어 있지 않아 스페인어에 능통하지 못한 사람은 시내버스 이용이 불편하다.

주소: Terminal Javier Prado Este 1109 **비용:** 미라플로레스에서는 10~15솔, 센뜨로에서는 15~20솔 **주 의사항:** 크루즈 델 수르 터미널이 두 군데이기 때문에 "떼르미날 하비에르 쁘라도"라고 분명히 이야기해 야 한다.

버스에서 탐지기를 사용하는 이유는 총기나 폭발물을 소지했는지를 조사하기 위함이다. 크루즈 델 수르 회사 버스는 이와 같은 철저한 조사로 여행자들의 만족도를 증가시키고 있다.

3. 이카에 도착해서

① 버스 터미널에 도착하면 버스에서 내려 사람들이 많이 가는 방향으로 나가면 된다.

② 터미널 안쪽 짐 찾는 코너에서 짐표를 제시한 뒤 본인의 짐을 찾는다.

③ 왼쪽 살리다(salida: 출구)로 나간다. 출구에는 택시기사들이 호객행위를 한다.

④ 택시로 와카치나에 있는 숙소로 이동한다. 와카치나까지 가는 시내버스는 없다.

이카에 도착하는 관광객은 대부분 와카치나로 이동하기 때문에 이카 버스 터미널에 택시기사들이 항상 상주해 있다.

일반 택시: 이카 터미널에서 와카치나까지 약 5km 이동한다. 최소 비용은 7솔 정도다.

오토바이 택시: 일반 택시보다 시간이 소요되는 단점도 있지만 이카 도심 주위를 천천히 둘러볼 수 있는 장점도 있다. 비용은 5솔 이상이다.

Tip 1.

이카에서의 일정이 마무리되고 나면 다음 날은 아침에 나스카로 이동해 나스카를 관광한 뒤 저녁 버스로 쿠스코까지 들어가는 일정이다. 그러니 다음 행선지인 나스카까지 같은 버스회사(크루즈 델 수르)를 이용할 경우 이카 버스 터미널에서 다음 날 오전 나스카행과 저녁 쿠스코행 버스를 예약하는 편이 좋다.

만약 이카 버스 터미널에서 예약을 하지 못했다면 와카치나 도착 후 여행사(와카치나는 작은 마을이기 때문에 호스텔 주변의 여행사 사무실을 쉽게 찾을 수 있다)에서 예약해도 된다. 성수기나 비수기를 불문하고 쿠스코행은 항상 만석이 되므로 하루 전날 꼭 예약하는 것이 좋다.

Tip 2.

이카에서 나스카까지는 2시간 30분 정도 소요되므로 굳이 1등급 버스인 크루즈 델 수르를 이용할 필요 없이 2등급 버스를 이용해도 된다. 이카 공용 터미널에 '텝사(Tepsa)' '플로레스(Flores)' '소유젯(SOYUZ)' 등의 2등급 버스가 있다(텝사, 플로레스, 소유젯은 버스 회사이름). 2등급 버스는 예약할 필요 없이 터미널에 도착해서 표를 구입한 후 바로 탑승하면 된다. 그러나 나스카에서 쿠스코까지는 장거리행이므로 편안한 크루즈 델 수르 버스 이용을 권장한다.

4. 와카치나의 교통수단

도보: 와카치나는 걸어서 다닐 수 있을 정도로 작은 마을이다. 대부분의 호스텔, 호텔에서 와카치나의 상징인 와카치나 오아시스까지 5~10분이면 충분히 갈 수 있다.

오토바이 택시: 와카치나 오아시스 주변에는 항상 오토바이 택시가 있다. 오토바이 택시는 와카치나 투어 후 다른 도시로 이동하기 위해 이카 버스 터미널로 이동할 경우 이용하기 위한 교통수단일 뿐이다.

5. 와카치나의 숙소

와카치나에는 유스호스텔이나 호텔이 많기 때문에 숙소를 예약하지 않았다 해도 크게 걱정할 필요는 없다. 와카치나 도착 후 도보로 호텔이나 유스호스텔을 쉽게 찾을 수 있다. 아래 소개한 호스텔과 호텔은 비슷한 거리에 위치해 있으며 호텔 이외에 유스호스텔의 가격도 대부분 동일하다. 그래도 불안해 미리 예약을 하고 싶다면 아래 소개된 숙소 이메일을 통해 예약하도록 하자.

까사 데 아레나 호스텔(Casa de Arena)

주소: Av. Viuda de Perotti s/n Balneario de Huacachinalca, Ica
전화번호: (+51) 56-215-274
이메일: casa_de_arena@hotmail.com
비용: 도미토리 20~25솔, 싱글 및 더블 45~55솔

호스텔 바르꼬(Hostel del Barco & Jhors Tour)

전화번호: (+51) 56-217-122
이메일: hosteldelbarco@hotmail.com, jhors.tours@gmail.com
비용: 도미토리 25솔~

호스텔 샌드 레이크(Hostel Sand & Lake)

주소: Calle Angela Perotti S/n, Huacachina, Ica
위치: 까사 데 아레나에서 도보 2분 거리
비용: 25솔~

호텔 구라시(Hotel Curaci)

주소: Balneario de Huacachina 197, Ica

전화번호: (+51) 56-216-989

이메일: reservas@huacachinacurasi.com

비용: 140솔~(조식 포함)

호텔 와카치나(El Huacacina Hotel)

주소: Av. Perotti s/n Balneario de Huacachinalca, Ica

전화번호: (+51) 56-217-435

이메일: informes@elhuacachinero.com

비용: 160솔~(조식 포함)

홈페이지: www.elhuacachinero.com/home

6. 버기카 투어

여행자들이 와카치나를 찾는 이유는 버기카 투어를 위해서다. 버기카 투어는 오전과 오후 투어가 있으며, 투숙하는 호스텔이나 호텔에서 쉽게 예약할 수 있다. 대부분의 관광객은 오전 투어보다 일몰을 구경할 수 있는 오후 투어를 예약한다. 오후 투어는 오후 4시에 출발하면 6시에 돌아오는 2시간짜리 코스다. 와카치나에 있는 대부분의 숙소에서는 호스텔, 호텔 숙박과 버기카 투어를 묶어서 판다. 적당한 가격으로 흥정해서 이용하면 편리하다.

비용: 버기카 투어 단독 30~40솔, 유스호스텔의 버기카 투어 패키지 50~70솔

적막한 사막 속의 작은 마을,
와카치나
Huacachina

와카치나는 태평양과 사막이 만나는 이카의 서쪽 해안 5km에 위치한 오아시스 마을로 1년 내내 온화한 날씨가 계속되는 곳이다. 마을 이름인 와카치나는 '아름다운 여인' '우는 여자'라는 뜻으로, 이곳 오아시스에 전해 내려오는 설화 속 주인공의 이름이기도 하다. 이곳은 1940년부터 유황과 소금이 함유된 물 때문에 피부병을 치료하기 위해 머무는 곳으로도 각광받고 있다.

사막지대인 300m 높이의 모래 언덕 한가운데 자그마한 오아시스가 있고, 호수 주변을 따라 집과 호텔, 레스토랑들이 있다. 100년 전까지만 해도 이 일대에 7개의 오아시스가 있었지만, 건조한 기후로 계속 물이 마르면서 2개의 오아시스만이 남아 있다. 와카치나 주변의 녹지가 없어진 후 호수의 물은 60cm나 줄어들었다고 한다.

현재 50%는 자연적으로 용출되는 물이고, 나머지 반은 이카시에서 공급하고 있는 실정이다.

와카치나는 1년 내내 비 한 방울 오지 않는 건조 지역이다. 이카부터 와카치나 마을까지의 도로에는 이를 말해주듯 선인장이 늘어서 있으며, 와카치나 마을 주변은 아프리카에나 있을 듯한 모래사막이 산처럼 둘러싸여 있다. 이런 와카치나의 사막 풍경은 또 다른 페루의 멋을 보여준다.

모래사막이 작은 동산을 이루고 홍일점처럼 호수 하나가 멋쩍게 둥지를 틀고 있다. 샘솟은 호수는 마르지 않고 와카치나 마을을 지키고 있다. 수백 년이 지난 지금도 와카치나 여인의 눈물이 쉴 새 없이 쏟아져 내리는 것 같다. 맨발로 모래사장을 거닐어 본다. 모래입자가 너무나 곱다. 한편에서는 아이들이 천진난만하게 놀고 있다. 호수 중앙에는 한가로이 오리배가 노닐고 있고, 한 쌍의 연인들이 배 위에서 담소를 나누며 데이트를 즐기고 있다. 정면에는 와카치나 여인 동상이 물줄기를 떨어뜨리며 한가로운 풍경을 만들어준다. 지저귀는 새 소리에 고개를 돌리니 야자나무에 걸터앉은 이름 모를 새가 청아한 자태를 뽐내고 있다. 와카치나 여인의 울음처럼 새들의 울음소리가 모래언덕을 타고 사막으로 날아간다.

와카치나

어떻게 가야 할까?

 와카치나 마을 중심 광장에서 출발한다.

 와카치나 교회를 등지고 앞으로 직진한다.

 오른쪽에는 도스 소레 호텔(Dos Sore Hotel)이 있다.

 도스 소레 호텔의 끝 지점에 계단이 있다. 계단 아래를 보면 와카치나가 보인다.

와카치나
어떻게 돌아보지?

계단 바로 아래를 보면 와카치나
의 설화를 조각한 부조가 있다.
101쪽 와카치나에 전해오는 설화
부분을 참조하자.

와카치나 호수 모래사장에 내려가
서 걸어본다. 다시 올라와 시계 방
향으로 돌면서 와카치나를 배경으
로 사진을 찍는다.

시계 방향으로 돌면 페루 이카 출
신이며 법학자이자 작곡가였던 호
세 데 라 또레 우가르떼(José de la
Torre Ugarte, 1786~1831)의 흉상을
볼 수 있다.

호수 주위 산책길이 하나로 연결
된 것이 아니기에 다시 시계 반대
방향으로 걷는다. 처음 출발했던
곳에서 직진해 왼쪽으로 보면 와
카치나 인어의 동상이 있다.

왼편으로 돌아 계단 아래를 보
면 페루를 대표하는 화가 세르불
로 기티에레즈(Sérvulo Gutiérrez,
1914~1961) 부조가 있다.

산책길을 따라 직진하면 세르불로
기티에레즈의 흉상이 있다.

세르불로 기티에레즈
페루를 대표하는 화가로, 권투선수이자 시인이기도 하다. 권투선수로서 밴텀급 챔피언을 했으며, 프랑스
파리에서 유학 후 표현주의 시각으로 다채로운 자연과 색감을 표현했다.

태양 아래에서 사막을 즐기다,
___

버기카 투어와 샌드보딩
Buggy Car Tour & Sandboarding

버기카는 일반 차가 다니기 힘든 비포장 도로(off-road)나 사막과 같은 고르지 못한 곳에서 쉽게 달릴 수 있게 만든 자동차로, 사륜 오토바이라고도 한다. 평균 시속은 30~40km이며, 바닥에서 차체까지의 폭이 낮아 빠른 스피드, 점프, 다양한 묘기 주행이 가능하다. 이카를 찾는 대부분의 관광객은 이 버기카 투어를 체험하기 위해 온다. 시속은 30~40km밖에 되지 않지만 모래사막에서 버기카로 이동하다 보면 체감 속도는 그 이상으로 느껴진다. 달리는 내내 짜릿하고 스릴 넘치는 롤러코스터를 탄 것처럼 자연스럽게 즐거운 비명을 지르게 된다. 덜컹거리며 달리는 버기카 투어의 안전벨트는 선택이 아닌 필수다. 얼마나 덜컹거리는지 엉덩이가 얼얼할 정도다. 모래사막 절벽에 버기카를 올려놓을 때는 마치 자이로드롭을 탄 듯 엄청난 쾌감을 느

끼게 해준다. 또한 와카치나에서 바라보는 일몰은 영화에서나 바라보는 풍광을 선사하며 잊지 못할 페루 여행의 추억이 된다. 버기카 투어를 마무리하고 돌아오면 2시간이 어떻게 지나갔는지 모를 만큼 순식간에 지나가 있을 것이다.

버기카 투어만큼 인기 있는 것이 샌드보딩이다. 샌드보딩은 이름 그대로 눈 위가 아닌 모래 위에서 하는 보딩을 말한다. 눈 위에서 하는 보드판보다 좀더 두꺼운 나무를 사용해서 만들며, 모래사막에서 잘 미끄러지도록 판 아래에 양초를 문지르기도 한다. 샌드보딩이 쉬울 것이라고 생각하면 큰 오산이다. 상·중·하 코스가 있는데, 상급 코스에 올라 바라보는 절벽 아래는 아찔할 정도다.

스릴을 즐기든 즐기지 않든 꼭 샌드보딩에 몸을 실어 보길 바란다. 가슴이 뻥 뚫리는 새로운 경험이 될 것이다. 와카치나에서의 버기카 투어와 샌드보딩을 통해 평생 잊지 못할 여행의 추억을 만들어보자.

버기카 투어를 제대로 즐기는 방법

① 모래를 쉽게 털어낼 수 있는 복장이 좋다.
② 카메라에는 모래가 많이 들어간다. 방수팩을 준비하자.
③ 버기카가 달릴 때 모래가 눈으로 날아드므로 선글라스를 착용하는 것이 좋다.

굉음을 울리며 버기카가 숙소에 도착했다. 일행을 태우자 이내 집결지로 이동한다. 와카치나의 모든 버기카를 여기에 모아둔 것 같다. 집결지에는 버기카와 관광객들로 가득했다. 카레이스를 하는 것처럼 출발선에서 굉음을 울리며 총소리만 기다리고 있는 것 같다. 경찰의 확인이 끝나자 바로 모래사막을 오르기 시작했다. 뒤집어질 듯 말듯 마치 곡예를 하듯이 아슬아슬하게 모래사막 정상을 향해 달린다. 속도를 올릴 때마다 엉덩이는 들썩거리기를 반복했다. 놀이동산에 온 것처럼 스릴 만점이다. 모든 스트레스가 모래바람과 함께 날아가버린다. 눈앞에 펼쳐진 모래사막은 가도 가도 끝이 없다.

제일 높은 언덕에서 샌드보딩을 해본다. 정신없이 모래사막에서 뒹굴고 있을 때 저 멀리에서 석양을 머금은 모래가 붉게 타오른다. 사는 동안 해가 뜨고 지는 것을 참 많이 보았지만 모래사막 위에 조심히 내려앉은 태양빛이 이렇게 아름다울 것이라고 상상도 못했다. 생애 가장 아름다운 노을과 함께 내 마음도 붉게 타오르고 있었다. 발이 푹푹 빠지는 사막을 버기카와 함께 마음껏 달릴 수 있었던 오늘은 정말 행복하고 따뜻한 하루였다.

버기카 투어
어떻게 가야 할까?

 여행사나 투숙하는 호텔 카운터에서 버기카 투어를 예약한다.

2 예약한 투어 시간에 맞춰 버기카가 숙소로 온다.

3 드라이버에게 자리를 배정받고 탑승한 후 집결지로 이동한다.

버기카 투어
어떻게 돌아보지?

숙소에서 버기카를 타고 와카치나 호수를 오른쪽으로 둔 집결지로 이동한다. 버기카 투어 비용 이외에 세금(약 3.8솔)을 내야 한다.

버기카 투어를 하기 전 사진 찍기 좋은 장소로 이동한다. 사진을 찍고 난 후 버기카 투어를 즐긴다.

샌드보딩을 즐길 수 있는 가장 높은 곳으로 이동한다. 높은 곳이다 보니 안전하게 보드판에 엎드려서 타야 한다.

좀더 낮은 지역으로 이동해 이번에는 서서 타는 샌드보딩을 즐겨보자.

오후 투어에는 해질녘 노을을 볼 수 있어 더 매력적이다. 해가 기울어지면 버기카를 운전하는 가이드가 최고의 스팟 지역으로 이동해 석양을 감상할 수 있는 시간을 준다. 석양 감상만으로도 최고의 버기카투어를 맛볼 수 있다.

버기카 투어가 종료되고 와카치나로 돌아갈 때 버기카 가이드는 와카치나를 전체적으로 조망할 수 있는 장소로 데려다준다. 와카치나 마을이 소개되는 모든 책자에서 추천하는 촬영 장소이므로 이곳에서 사진 찍는 것을 잊지 말자.

Tip.

버기카 투어가 마무리되면 드라이버는 팁을 요구한다. 실제 페루의 식당이나 호텔에서 팁은 의무가 아니다. 식당에서 팁을 주지 않아도 아무 상관이 없다. 버기카 투어도 마찬가지다. 팁을 주든 주지 않든 여행자의 선택이다.

와카치나에 전해 내려오는 설화

1. 오래전부터 우아까이 치나(Huacay China) 여인이 한 달에 한 번씩 이 오아시스에 와서 목욕을 했다. 그러던 어느 날 거울을 통해 자신의 알몸을 훔쳐보던 한 남자를 보게 되고, 수치심에 달아나다가 오아시스의 인어가 되었다고 한다.

2. 우아까이 치나라는 젊은 여인이 한 남자와 사랑에 빠져 미래를 약속하고 결혼을 한다. 불행히도 결혼 후 전쟁이 일어났고, 전쟁터에 나간 남편이 전사했다는 소식을 듣는다. 우아까이 치나는 비통한 마음으로 그들이 처음 만났던 해바라기 밭에 가서 목 놓아 통곡을 한다. 통곡으로 흐르는 눈물이 호수를 이룰 때까지 울고 또 울었다. 어느 어두운 날 호수 속에 있던 남편은 호수 밖에서 목 놓아 우는 자신의 아내를 보았고, 호수 밖으로 나가기 위해 몇 시간을 걷고 또 걷는다. 하지만 그녀에게 다가갈 수가 없었다. 남편의 다리가 없었기 때문이다. 그때부터 남편이 그 호수를 '우아까이 치나'로 부르게 된다. 달밤에 그녀의 울음과 만나지 못하는 남편의 비통해하는 울음이 지금까지 호수로 남겨지게 되었다.

3. 우아까이 치나라는 젊은 여인이 전사와 사랑에 빠져 미래를 약속하고 결혼하게 된다. 결혼 후 전쟁이 반발했고 전쟁에 나간 남편이 전사했다는 소식을 듣는다. 우아까이 치나는 비통한 마음으로 그들이 처음 만났던 해바라기 밭에 가서 목 놓아 통곡을 한다. 통곡을 하던 중 손거울을 통해서 젊은 남자가 자기에게 접근하고 있다는 것을 알게 된다. 그녀는 달아나게 되었고, 달아나면서 손거울이 떨어져 커다란 웅덩이가 생겨 오아시스가 만들어지고, 떨어진 그녀의 옷은 작은 언덕을 만들었다고 한다.

4. 옛날 옛적 울창한 숲이었던 이곳에는 숲을 가꾸는 여신이 살고 있었다. 어느날 여신은 숲속을 산책중인 멋진 남자를 만나게 되고 이내 사랑에 빠지게 된다. 이후 숲을 돌보는 일을 등한시해 숲이 황폐해지자 노한 숲이 여신의 옷은 모래로 만들고, 여신의 거울은 오아이스로 만들어버린다. 그리고 알몸이 되어 달아난 여신마저 인어로 만들어버린다. 여신이 그리운 남자는 오아시스로 찾아와 목 놓아 눈물을 흘렸고 이 눈물로 오아시스는 메마르지 않게 되어 지금까지 사막 속에 남아 있다고 한다.

중국과 페루의 요리 로모 살따도를 맛보다,

와카치나 페루(Huacachina Peru)

로모 살따도(Lomo saltado)는 기름에 튀긴 페루의 대표적인 전통 요리로 '로모'는 스페인어로 고기의 안심 부위를 뜻하며 '살따도'는 '기름에 살짝 튀긴다.'라는 뜻이다. 로모 살따도는 중국과 페루 두 나라의 전통요리가 섞이면서 탄생했다. 페루로 이민 온 중국인들이 만든 페루식 중국요리를 '치파(chifa)'라고 불렀는데 로모 살따도는 이 치파식 문화에서 만들어진 요리다. 로모 살따도는 소고기를 잘게 썰어 식초나 간장, 향미료에 절인 후 토마토, 양파, 파슬리 등의 각종 재료들을 넣어 간장소스에 볶은 음식으로 페루에서 즐기는 감자튀김과 아시아에서 즐기는 쌀밥이 함께 나온다.

영국과 페루에서 활동하는 요리사 마르띤 모랄레스는 "로모 살따도는 페루에서 가장 사랑받는 음식이며 옛것과 새것의 가장 조화로운 퓨전요리의 대표다."라고 극

찬했다. 로모 살따도를 먹어보면 소고기 덮밥이나 불고기 백반과 비슷하게 느낄 수 있다. 지구 반대편 나라인 페루에서 가장 동양적인 맛, 로모 살따도와 페루에서 꼭 마셔봐야 할 부드러운 잉카 콜라로 풍성한 식사를 즐겨보자.

로모 살따도

➕ 이용 안내

▶ **영업시간:** 09:00~22:00 ▶ **가격:** 30솔~ ▶ **위치:** 와카치나 호수

Tip.

식당에는 햄버거, 중국식 볶음밥 등 다른 종류의 음식들도 있다. 중국식 볶음밥을 주문하고 싶다면 "아로스 프리또(arroz frito)"라고 하면 된다. 매운 맛을 원하면 "살사 삐깐떼(Salsa Picante: 매운 소스)"를 주문해서 로모 살따도에 곁들여보자.

택시기사가 추천한 식당으로 갔지만 식당문은 굳게 닫혀 있었다. 허탈함에 호수 주위를 돌아다니다 사람들이 가장 많이 앉아 있는 식당으로 들어갔다. 조금은 부산스러운 분위기에 음식 맛에 대한 의구심이 들었지만, 음식이 나온 후에 그런 마음은 전부 사라졌다. 사람들이 많은 이유가 있었다. 일단 일반적인 페루음식 같은 짠맛이 없었다. 소고기에도 간이 적당히 배어 있었고, 무엇보다 고기가 부드러웠다. 맛뿐만 아니라 양도 나를 만족시켰다. 두 사람이 먹어도 충분할 양이었다. 먹으면 먹을수록 익숙해지는 듯해 페루음식이라기보다 한국 음식을 먹는 것처럼 느껴졌다. 어수선한 분위기에서도 직원들은 친절했다. 그동안 한국 사람들이 많이 방문했는지 기본적인 한국 인사말을 할 정도였다. 와카치나 여행에서 지친 몸을 로모 살따도로 회복한 하루였다.

와카치나 페루

어떻게 가야 할까?

1 '와카치나'라고 적힌 교회를 등지고 앞으로 직진한다.

2 오른쪽에는 도스 소레 호텔이 있다.

3 호텔 끝 지점에 다다르면 계단이 나온다. 계단을 내려오면 왼편에 첫 번째 레스토랑 '와카치나 페루'가 있다.

Tip.

와카치나의 모든 식당들이 관광객을 대상으로 하다 보니 음식 가격이 비싼 편이다. 저렴한 음식을 먹겠다고 택시를 타고 이카로 나갈 수도 없는 노릇! 식사비용을 절약하고 싶으면 호스텔 내에서 운영하는 바에서 햄버거나 주스로 한 끼 식사를 해결하거나 '마요(Mayo)'라는 식당에서 팬케이크를 즐겨보자. 마요는 사막으로 들어가는 입구 쪽에 있는데, 현지인들에게 물어보면 쉽게 찾을 수 있다.

셋째 날,

나스카의 수수께끼, 나스카 라인

P e r u

페루 여행 셋째 날. 지구에는 얼마나 많은 수수께끼가 숨겨져 있을까? 이곳 나스카는 보물찾기 창고 같다. 페루 여행을 계획하면서 가장 불가사의한 메시지를 볼 수 있는 곳이 나스카다. 그 시대를 살지 않은 우리가 그들의 천문학을 어떻게 들여다볼 수 있을까? 단지 그들이 남겨놓은 문양을 보면서 난무한 추측만 할 뿐이다. 과연 우리가 주장하는 추측들은 그들이 말하려 했던 메시지가 맞을까? 오늘은 경비행기를 타고 나스카 라인을 그리는 예술가가 되어보자.

셋째 날, 일정 한눈에 보기

나스카 라인 투어

∨

전망대

∨

아르마스 광장

전망대

판 아메리카 고속도로

나스카 라인 투어

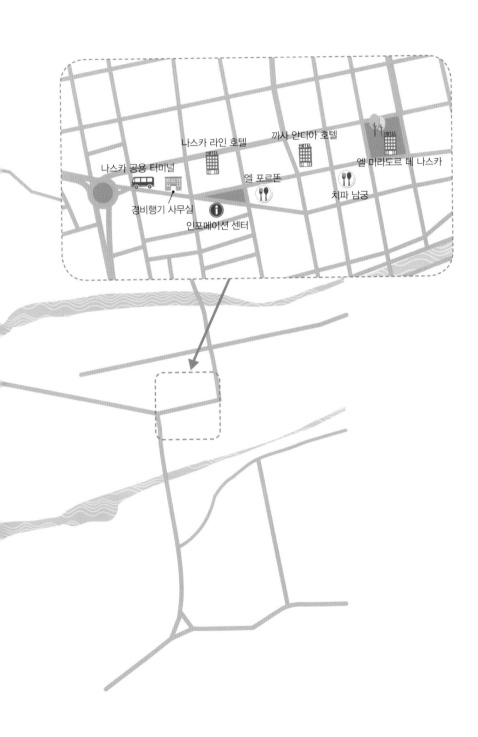

나스카 라인 호텔

까사 안디아 호텔

나스카 공용 터미널

엘 포르똔

엘 미라도르 데 나스카

경비행기 사무실

치파 남궁

인포메이션 센터

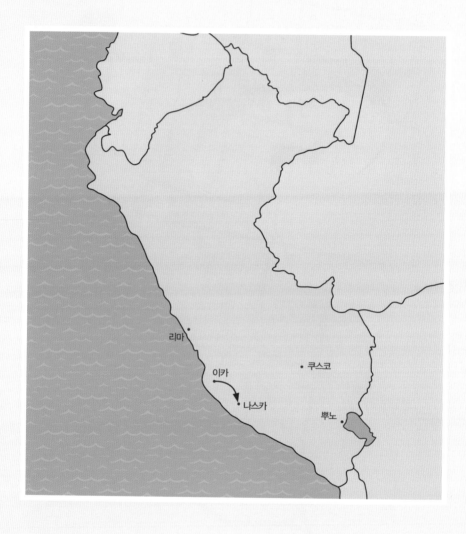

리마

이카

쿠스코

나스카

뿌노

1. 나스카는 어떤 곳일까?

나스카는 해발 700m 고도에 위치한 페루 중남부 지역의 도시로, 수도 리마에서 남쪽으로 450km 떨어져 있으며, 이곳에 약 3만 명이 살고 있다. 1591년 가르시아 총독에 의해서 세워진 나스카에는 9세기경 번영한 것으로 알려진 초기 잉카 유적이 남아 있다. 가축과 목화가 발달한 도시이며, 포도 브랜디 피스코(pisco)를 생산하는 곳이기도 하다. 1939년 발견된 나스카는 1994년 세계문화유산으로 등록된 나스카 지상화(地上畵) 덕분에 전 세계에 알려지게 되었다.

2. 이카에서 나스카로 이동하기

2등 버스(완행버스)인 소유젯(SOYUZ)이나 페루 버스(Peru bus)를 타고 이동한다. 나스카 도착 후 경비행기 및 아르마스 광장 일정을 위해서는 최소 10시 30분 버스는 타야 한다. 계절마다 출발 시간 다르니 체크하자.

출발 시간: 첫차 8시 30분(30분마다 있음)

버스 요금: 14솔~

소요 시간: 2시간 30분 정도

① 떼르미날 페루 부스(Terminal peru bus)에 도착한다.

② 나스카행 버스표를 구매한다. 이등버스는 사전 예약이 필요 없다.

③ 출구로 나가서 짐칸에 짐을 싣고 짐 티켓을 받는다.

④ 나스카 버스를 탄다. 완행버스이므로 지정 좌석이 따로 없다.

와카치나 숙소에서 이카 터미널까지 택시타고 이동하기

시내버스가 없기 때문에 나스카 가는 버스시간에 맞춰 택시를 타면 된다. 유스호스텔 근처에 택시가 항시 대기하고 있다. 공용 터미널에 모든 회사의 2등 버스가 있으므로 오토바이 택시나 일반 택시를 타고 "떼르미날 데 페루 부스(Terminal de peru bus),"라고 이야기하면 된다. 택시비는 최소 7솔이다. 1등급 버스(직행버스) 크루즈 델 수르를 예약했다면 "떼르미날 데 크루즈 델 수르(Terminal de cruz del sur),"라고 이야기하면 된다. 이카에서 나스카의 크루즈 델 수르 버스는 1일 5회(08:30, 11:30, 12:00, 18:00, 18:30) 있으며, 크루즈 델 수르 버스 중 레귤러 버스(REGULAR BUS)는 15솔, VIP 버스는 19.17솔이다. 이카의 1등 버스 크루즈 델 수르 터미널과 2등 버스 터미널은 도로 하나를 두고 마주 보고 있다.

나스카에서 경비행기를 타지 않고 전망대(mirador, 미라도르)만 관광할 경우 2등 버스(완행버스)를 이용하는 것이 좋다. 직행버스를 이용할 경우 나스카 터미널에서 내려 택시(왕복 26솔) 또는 2등 버스(왕복 10솔)로 갈아타야 하는 번거로움이 있기 때문이다. 2등 버스인 경우 나스카에 도착할 즈음에 버스 기사에게 "끼에로 바하르 미라도르 쎄르카 데 나스카(quiero bajar mirador cerca de nazca: 나스카 근처의 전망대에서 내리길 원합니다)."라고 말하면 된다. 전망대는 나스카 도착 18km 전의 고속도로변에 있으며, 나스카 지상화를 구경한 후 다음에 오는 완행버스(5솔 추가)를 타고 나스카 터미널로 오면 된다.

3. 나스카에 도착해서(경비행기를 탈 경우)

① 버스 터미널에 도착을 하면 버스에서 내려 사람들이 많이 가는 방향으로 나간다. 밖을 나가면 택시기사들이 호객행위를 하지만 과감히 뿌리치고 왼쪽으로 방향을 잡아 이동한다.

② 첫 번째 블록을 지나기 전에 경비행기 예약 사무실이 있다. 경비행기를 탈 경우 이곳에서 예약하면 된다.

경비행기 비용은 달러로 받으며, 1인 기준으로 2인용은 120달러, 4인용은 110달러, 8인용은 100달러, 12인용은 90달러다. 사람이 적게 탑승한 비행기일수록 낮은 고도로 비행을 해 더 가까이에서 나스카 라인을 볼 수 있다.

4. 나스카의 교통수단

도보: 나스카 터미널에서 나스카 중심인 아르마스 광장까지는 5블록이며 도보로 15분 정도 소요된다. 도시가 크지 않기 때문에 센뜨로는 도보로 이동 가능하다.

일반 택시: 터미널 출구로 나오면 왼편에 택시들이 있다. 아르마스 광장까지 편도로 5솔이며, 전망대까지는 왕복 26솔이다.

5. 나스카의 숙소

엘 미라도르 데 나스카(El mirador de nazca)

주소: Jr. Tacna 436-plaza de armas, Nazca
전화번호: (+51)56-523-121

사막을 캔버스 삼아 그려진 수수께끼 문양,
나스카 라인 투어
Nazca Lines tour

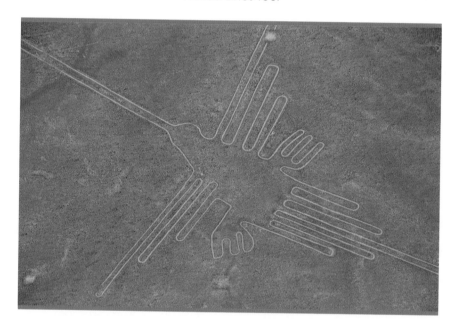

풀리지 않은 수수께끼로 오랫동안 전 세계인의 궁금증을 불러일으킨 나스카 라인. 기원전 200~기원후 600년 사이에 페루 남해안을 중심으로 번성했던 나스카 문명의 일부인 나스카 라인에는 수많은 가설과 억측이 남아 있다. 나스카 문명은 번성기를 지나 기원후 600년에 돌연 멸망한 것으로 추정되며, 나스카 라인은 지금으로부터 1,500년 전인 나스카 문명의 최대 번성기에 만들어진 것으로 추정한다. 기이한 선, 도형, 새, 짐승 등 약 100여 개의 그림들이 펼쳐져 있다. 그림이 워낙 크기 때문에 지상에서는 자세히 확인되지 않고 약 300m 높이의 공중에서 내려다봐야만 한다.

나스카 라인은 1939년 롱아일랜드 대학교의 폴코삭 박사가 비행중에 발견했으며, 이 발견은 고고학적으로 큰 의미와 숙제를 안겨주었다. 이후 독일의 여류 수학자 마리아 라이헤 박사가 나스카 라인 연구에 평생 동안 공헌하게 된다.

나스카 라인은 판 아메리카 고속도로 옆에 있는 전망대에서 보거나 경비행기를 이용해 하늘에서 볼 수 있다. 경비행기를 타면 그림들을 모두 볼 수는 있지만 자세하게 보기는 어렵다. 반면 전망대의 경우 경비행기에서 보는 것에 비해 좀더 뚜렷한 그림을 볼 수 있지만 일부 그림만 볼 수 있다는 단점이 있다. 각각 장단점이 있으므로 취향에 맞게 선택하면 된다. 전망대 투어에 대해서는 120쪽과 121쪽에서 자세히 살펴보도록 하자.

좀더 가까운 거리에서 나스카 라인을 보고 싶은 마음에 4인용 경비행기를 예약했다. 생애 처음 타보는 경비행기였다. 만일에 있을 사고에 대비해 동의 사인을 한 후 경비행기에 올랐다. 이어폰을 착용했지만 찢어질 듯 전해져 오는 굉음은 귀를 멍하게 했다. 마치 종이비행기가 바람에 흔들거리며 날아가듯이 우리를 태운 경비행기는 그렇게 하늘을 향해 날갯짓을 했다. 잠시 멍하게 하늘을 날고 있을 즈음, 내 시야에 나스카 지상화가 들어오기 시작했다. 1,500년이 지난 그림들이 아직도 뚜렷하게 윤곽을 드러낸 채 나를 향해 손짓하고 있었다. 조수석에 앉은 부기장은 연신 왼쪽으로, 오른쪽으로 눈을 돌릴 것을 요구한다.

지평선 끝자락까지 풀 한포기 보이지 않는 건조지형이었다. 뿌연 먼지만 가득한 삭막한 지형에, 어떻게 저 큰 그림들을 그릴 수 있었을까? 4절지에 그림을 그려도 저렇게 반듯하게 그리기가 어려울 것이다. 마치 자와 컴퍼스로 그린 듯 그림이 반듯하다. 소설 『걸리버 여행기』처럼 1,500년 전에 거인이 살고 있었을까? 그럼 그들은 왜 저렇게 다양한 그림들을 그렸을까? 무엇 때문에 저런 그림들을 그렸을까? 시야에 보이는 그림들이 많아질수록 머릿속 가득히 의문만 쌓여간다.

30여 분의 비행이 끝나고 경비행기는 지상에 착륙했다. 에어컨도 없는 경비행기 안에서 얼마나 긴장을 하고 집중을 했는지 옷은 이미 땀으로 범벅이 되어 있었다. 한 발자국 내딛고 나니 현기증이 핑하고 올라온다. 나스카 지상화는 그렇게 나에게 어지러움과 환희를 동시에 가져다주었다. 그런데 정말 어떻게 저런 거대한 그림을 그릴 수 있었을까?

나스카 라인 투어(경비행기)
어떻게 가야 할까?

 1 경비행기 사무실에서 자가용이나 미니버스를 탄다.

2 약 10여 분 정도 이동하면 경비행기 주차장에 도착한다.

Tip 1.

누가, 어떻게, 왜 나스카 땅 위에 거대한 그림을 그렸을까?

나스카 대평원은 산화철을 포함한 암적갈색의 모래가 수십cm의 두께로 표면을 덮고 있으며, 암적갈색의 겉흙을 긁어내면 황토층이 분포하는데 이 황토층이 훌륭한 캔버스 역할을 했다고 한다. 이 훌륭한 캔버스에 누가, 어떻게, 왜 그림을 그린 것일까? 이에 대해 수많은 추측이 있는데 그중 하나는 외계인이 그렸다는 설이다. 100여 개의 그림 중 외계인의 그림은 자화상일 거라는 주장으로 300m의 대형 그림을 그리는 일은 인간으로서는 불가능하다는 것이다. 이와 달리 마리아 라이헤 박사는 나스카 라인이 천체 관측과 관계가 있을 거라 생각하며 연구를 진행했다. 하지와 동지 때 일몰 지점을 찾아내고 많은 선들이 극점과 연결된다는 것을 발견해 천체관측설을 주장하기도 했고, 비를 내려 달라고 하는 제사의식으로 하늘에 메시지를 보내기 위해 만들었다고도 주장했다. 마리아 라이헤 박사는 나스카인들이 말뚝에 끈을 묶어 직선을 그리고, 곡선이나 원은 컴퍼스의 원리로 그렸을 것이라고 설명했다. 그러나 나스카 라인에 대해서는 그 어떤 것도 아직까지 확실하게 알려진 바가 없다.

Tip 2.

1,500년이 지난 지금도 그림이 유실되지 않고 유지되는 이유

나스카 대평원은 안데스 산맥에서 불어오는 서늘한 바람이 바다에서 와야 할 습기를 막아 1만 년 동안 거의 비가 내리지 않아 불모지가 되었다. 건조한 기후 덕분에 1,500년이 지난 지금도 그림이 훼손되지 않고 그대로 남아 있다.

나스카 라인
한눈에 보기

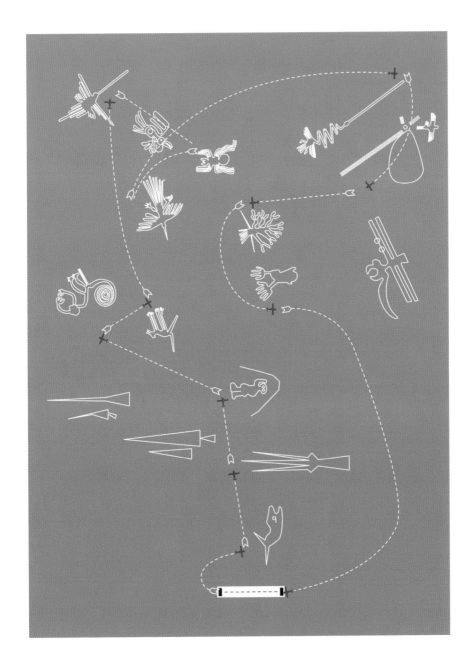

나스카 라인 투어(경비행기)

어떻게 돌아보지?

본인이 예약한 경비행기 회사를 확인한 후 예약 바우처를 제시하고 비행요금을 지불한다.

경비행기 출발 전 나스카 라인 역사에 대해 비디오 시청한다. 시청 후 경비행기 공항세 25솔을 지불한다.

출국장에서 여권 조사와 보안 검색이 진행된다.

보안 검색대를 통과하면 경비행기가 있는 출구로 나간다.

비행기에 탑승하기 전 기념촬영 시간을 준다.

비행기에 탑승해 안전벨트와 헤드셋을 착용한다.

63m 크기의 고래(whale)

사다리꼴(trapezoids)

작은 산등성에 그려진 32m의 우주인(Astronaut)

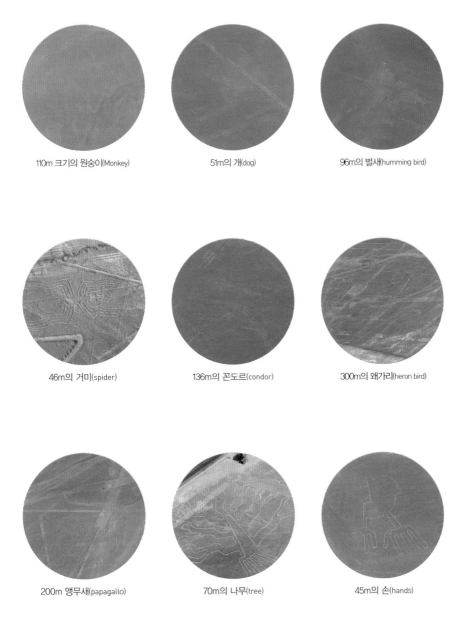

110m 크기의 원숭이(Monkey)

51m의 개(dog)

96m의 벌새(humming bird)

46m의 거미(spider)

136m의 꼰도르(condor)

300m의 왜가리(heron bird)

200m 앵무새(papagallo)

70m의 나무(tree)

45m의 손(hands)

판 아메리카 고속도로 옆의 전망대
어떻게 가야 할까?

▶ 버스로 이동하는 방법

나스카 공용 터미널에서 2등 버스인 페루 버스(peru bus)나 플로레스(flores) 버스를 타고 전망대에 하차한다. 전망대 구경 후 반대편에서 지나가는 완행버스를 타고 돌아오면 된다. 왕복 10솔이다.

▶ 택시로 이동하는 방법

나스카 공용 터미널에서 택시를 탈 경우 택시기사에게 요청하면 전망대 두 곳을 볼 수 있다. 비용은 왕복 26솔이다.

첫 번째 전망대

두 번째 전망대

판 아메리카 고속도로 옆의 전망대

어떻게 돌아보지?

버스나 택시에서 내려 왼편 전망대쪽으로 길을 건넌다. 횡단보도가 없고 차들이 전속력으로 달려오기 때문에 도로를 건널 때 주의해야 한다.

입구에서 전망대 올라가는 티켓을 구매한다. 티켓 비용은 2솔 정도다.

전망대는 수용 인원이 정해져 있기 때문에 먼저 올라간 여행자들이 구경을 마치고 내려와야 올라갈 수 있다.

전망대를 올라가면 왼편에는 45m의 손 모양을 볼 수 있다. 외계인의 손처럼 넓게 펼쳐진 손 모양이 오랜 세월 풍파에도 잘 보존되어 있다.

오른편에서 70m의 나무 모양을 볼 수가 있다. 비 한 방울 오지 않는 사막지대에 있는 나무처럼 줄기 모양만 그려져 있다.

Tip.

해질녘에 전망대를 구경한다면 석양의 모습과 시원한 바람을 함께 즐길 수 있기 때문에 제대로 된 나스카를 즐길 수 있다.

나스카의 흔적을 곳곳에서 볼 수 있는 곳,

아르마스 광장

Plaza de Armas, 플라자 데 아르마스

나스카 공용 터미널에서 도보로 15분 정도 거리에 있는 나스카 아르마스 광장은 우리네 공원처럼 편히 쉴 수 있는 공간이다. 다른 도시처럼 주변에 웅장하고 화려한 고딕양식의 건물들은 없지만 사람 사는 냄새가 나는 곳이다. 더위를 피해 벤치에 앉아 망중한을 즐기는 페루인들의 여유로운 모습이 평화롭게 느껴진다.

나스카의 중심인 만큼 주변에는 조그마한 상점과 레스토랑, 교회, 호텔로 둘러싸여져 있다. 광장 중앙의 바닥에는 나스카 라인의 그림이 그려져 있고, 화단에는 골을 파서 만든 나스카 문양이 있다. 곳곳에 나스카 지상화의 흔적을 두고 있어 이곳이 나스카라는 것을 확연히 알게 한다.

나스카 라인 투어가 끝나고 쿠스코행의 야간 버스를 기다리는 동안 아르마스 광장 구경을 왔다. 나스카 공용 터미널에서 아르마스 광장으로 걸어오는데, 지나가던 소매치기가 도심거리의 사진을 찍고 있던 관광객의 카메라를 낚아채 달아났다. 다행히 소매치기는 10여 분도 되지 않아 체포되었다. 페루 경찰 병력의 공조에 감탄할 정도였다. 페루 치안의 안전함을 볼 수가 있었지만 소매치기 장면을 직접 목격한 뒤라 광장까지 오는 내내 긴장을 늦출 수가 없었다. 특히 내 눈앞에서 펼쳐진 장면이라 찜찜한 기분이 더했다. 그러나 그런 기분도 잠시. 아르마스 광장이 평화롭게 나를 반기고 있었고 이내 나쁜 기억을 지워버릴 수 있었다. 관광객이나 페루 사람들의 안전을 책임지고 있는 경찰들도 광장 주변에 뜨문뜨문 자리를 차지하며 평화로운 나스카를 만들고 있었다. 나도 다른 관광객들처럼 벤치에 배낭을 베개 삼아 누워보았다. 구름 한 점 없는 청명한 페루 하늘이 더없이 맑다. 잠시나마 오침에 빠져 나스카의 신비로움을 꿈꿔본다.

아르마스 광장

어떻게 가야 할까?

1 나스카 공용 터미널 출구를 기준으로 왼쪽 길로
간다. 첫 번째 블록을 지나기 전 경비행기 사무실
이 있다.

2 두 번째 블록 입구 왼편에는 나스카 라인 호텔
(nazca lines hotel)이 있으며, 오른편에 관광객을 위
한 안내 사무실이 있다.

3 세 번째 블록 오른편에 중국 식당들이 있으며, 네
번째 블록 왼편에는 까사 안디나 호텔(casa andina
hotel)이 있다.

4 다섯 번째 블록 오른편에 치파 남궁이 있다.

5 다섯 번째 블록을 지나면 아르마스 광장이 나온다.

아르마스 광장
──
어떻게 돌아보지?

정면에 분수대가 있다. 나스카의 휴식을 즐길 수 있는 벤치도 마련되어 있으며, 광장 주변에는 경찰 병력이 배치되어 있어 시민의 안전을 지켜주고 있다.

왼편 국기 게양대 앞바닥을 보면 나스카 라인의 그림들이 조각되어 있다.

중남미 어느 지역을 가든 광장 주변에는 성당이 있다. 참고로 페루를 비롯한 중남미 전 지역은 90% 이상이 가톨릭 신자들이다.

성당 왼편으로 나스카 시청 건물이 보인다. 나스카 지상화가 발견되기 전인 1994년까지는 아주 작은 도시였기 때문에 다른 지역의 시청건물처럼 웅장함을 자랑하지는 않는다.

정원에도 나스카 라인의 그림들이 그려져 있다.

육질이 살아 있는 돼지등심구이를 맛보다,
엘 포르똔(El Porton)

나스카에서 가장 오랜 역사를 자랑하는 전통 식당으로 최고 육질의 고기와 천연재료를 사용하기로 소문난 식당이다. 전통적인 페루음식을 고집하며 높은 품질의 음식 서비스를 제공한다. 준비된 음식으로는 크리올, 파스타, 생선, 고기 요리가 있다. 매일 밤 기타 연주나 페루 전통공연이 펼쳐진다. 특히 생일, 비즈니스 미팅 등의 만찬 장소로 이용되며 유명세만큼 저녁 식사시에는 예약이 필수다.

  포르똔의 추천 메뉴는 츄레따 데 세르도(Chuleta de cerdo: 돼지등심구이)로, 뼈가 어우러져 있는 돼지고기의 부드러운 육질이 특징이다. 츄레따 데 세르도는 소고기보다 오랜 시간 요리해야 하며 돼지고기의 수분을 오랫동안 유지하는 것이 중요하다. 중남미 어디에서든 가장 쉽게 먹을 수 있는 음식이지만 유명 식당이 아니면 육질이 퍽

픽할 수 있기 때문에 츄레따 데 세르도만큼은 오랜 경험을 가진 전통 식당을 찾아야한다. 그 중 엘 포르똔의 츄레따 데 세르도는 촉촉한 수분과 부드러운 육질을 자랑하며 먹고 나면 아쉬울 정도로 맛에서만큼은 탁월하다. 츄레따 데 세르도를 주문하면 빠빠(papa: 감자)나 아로스(arroz: 쌀밥) 중 하나를 선택할 수 있다. 나스카를 떠나기전 엘 포르똔에 들러 가장 전통적인 돼지등심요리에 빠져보자.

➕ 이용 안내

▶ **영업시간:** 11:00~23:00 ▶ **가격:** 20솔~ ▶ **전화번호:** (+51)56-523-490 ▶ **주소:** Ignacio Morsesky 120, Parque Bolognesi, Nazca ▶ **홈페이지:** www.elportonrestaurante.com

아르마스 광장을 둘러본 후 배고픔을 이기지 못하고 아무 생각 없이 들른 식당이다. 식당에 들어서서 주방 쪽을 둘러보니 여느 식당과는 달리 직원들이 통일된 하얀 복장을 입고 있어 깔끔한이미지를 보여주었다. 세비체나 로모 살따도는 이미 다른 지역에서 맛을 경험한지라 가장 먹기편한 돼지고기 요리를 주문했다. 양은 그렇게 많지 않았지만 입안으로 전해지는 깔끔함이 있었다. 벽면에 붙어 있는 사진들이 이내 전통 있는 식당임을 말해주고 있었다. 식사가 끝난 후 슬쩍직원에게 물어보니 이미 30년 가까이 된 식당이란다. 그럼 그렇지, 음식 맛이 특별나다 했다. 오후의 불미스러운 일은 다 날려버리고 기분 좋은 나스카를 기억하게 만들었다. 오늘 밤 장시간의쿠스코행이 즐거울 것 같다.

엘 포르똔

어떻게 가야 할까?

1 나스카 공용 터미널에서 출발한다.

2 출구에서 왼편으로 길을 잡으면 첫 번째 블록을 지나기 전에 경비행기 사무실이 있다.

3 두 번째 블록 오른편에 관광객을 위한 안내 사무실이 있으며, 그 뒤편으로 정원이 보인다.

4 정원 쪽으로 길을 건너 바로 정면에 보면 엘 포르똔이 있다.

페루에서 맛보는 색다른 중식,
치파 남궁(Chifa Nam Kug)

2004년 문을 연 식당으로 나스카에서 가장 유명한 중국 식당이며 알찬 가격과 맛으로 현지인들이 가장 많이 찾는 식당이다. 오후 4시부터 6시 사이에는 저녁 장사 준비를 하기 때문에 식당을 찾더라도 식사를 할 수 없다. 한국인의 정서 같으면 인정상 한 그릇 내어줄 것 같지만 주인장의 고집이 대단하다. 그러니 휴식시간을 피해 방문하도록 하자.

정통 중국식당의 맛에서 페루식으로 퓨전되었지만 치파 문화의 오랜 전통을 이어온 중국이민자들의 맛처럼 변형된 최고의 맛을 선사한다. 세트 메뉴를 비롯한 완뚱 스프(한국식 만둣국)나 볶음밥 등을 추천하며 나스카에서 중국음식을 원한다면 방문해보기를 권유한다.

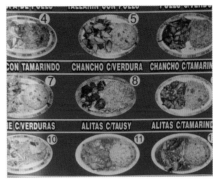

✚ 이용 안내

▶ **영업시간:** 11:30~23:00(휴식시간 16:00~18:00) ▶ **가격:** 6.5솔~ ▶ **전화번호:** (+51)56-522-151 ▶ **주소:** Av. Bolognesi 448, Nazca

현지인에게 물어 양도 많고 맛도 괜찮다는 식당으로 소개받았다. 근데 입구에서 안쪽을 보니 한 테이블만 식사를 하고 있었다. '유명한 식당이라면 식사하는 사람들로 왁자지껄해야 할 텐데, 왜 이렇게 사람이 없지?'라는 의심을 가졌지만, 과감히 문을 열고 들어갔다. 근데 자리에 앉기도 전에 카운터에 앉아 있는 중국 남자가 "지금은 휴식시간이니 6시 이후에 오시오."라고 퉁명스럽게 이야기한다. 식사를 하는 사람들 쪽을 바라보며 "왜 저들은 식사를 하느냐?" 하고 물으니 4시 이전에 온 사람이라 괜찮다고 답했다. 시계를 보니 4시 10분이었다.

할 수 없이 저녁시간에 다시 찾았다. 완뚱 스프와 볶음밥을 주문했다. 음식이 나오자 일단 양에 놀란다. 완뚱 스프는 국물이 시원했다. 일부 식당에서는 완뚱 스프의 국물이 잘 우려내질 않아서 싱거운 맛이 대부분인데 이곳의 완뚱 스프는 진한 맛이 일품이었다. 볶음밥도 간이 잘 맞아 먹기 좋았다. 비록 시간을 잘못 알고 와서 다시 찾은 불편함은 있었지만 오랜만에 동양식의 식사로 배부른 나스카가 되었다.

치파 남궁

어떻게 가야 할까?

1 나스카 공용 터미널 출구를 기준으로 왼쪽 길로 간다. 첫 번째 블록을 지나기 전 경비행기 사무실이 있다.

2 두 번째 블록 입구 왼편에는 나스카 라인 호텔 (nazca lines hotel)이 있으며, 오른편에 관광객을 위한 안내 사무실이 있다.

3 세 번째 블록 오른편에 중국 식당들이 있으며, 네 번째 블록 왼편에는 까사 안디나 호텔(casa andina hotel)이 있다.

4 다섯 번째 블록 오른편에 치파 남궁이 있다.

132

Tip.

나스카에서 쿠스코까지는 버스로 장장 14시간이 넘는 장시간을 요한다. 물론 버스에서 저녁, 다음 날 아침 식사까지 제공이 되지만 양이 부족하다. 무엇보다 이동하는 동안 버스기사 2명이 교대로 운전을 하면서 휴게소는 한 번도 쉬질 않고 목적지까지 이동하므로 미리미리 허기를 채울 수 있는 간식거리나 물을 준비 하는 것이 좋다.

나스카 공용 터미널에서 왼편으로 첫 번째 블록을 지나면 현지인들의 길거리 음식들을 볼 수가 있다. 터 미널 바로 왼편에 슈퍼가 있으며, 츄러스 파는 가판대 옆쪽으로 보면 과일(바나나, 오렌지 등) 파는 리어카도 있으니 본인의 취향에 맞추어 간단한 요깃거리를 준비하는 것이 좋다.

햄버거 가판대

츄러스 가판대

햄버거

오후 6시 이후가 되면 길거리 음식들이 판을 친다. 곳곳에 저렴하게 먹을 수 있는 음식들이 거리마다 가 판대를 거울삼아 영업을 시작한다. 가장 저렴한 햄버거와 콜라는 각각 2솔과 1.2솔이다. 다음 행선지로의 출발이 급하다면 단돈 3.2솔로 한 끼 식사를 해결하는 것도 방법이다.

츄러스

츄러스는 영업시간이 오후 5시부터다. 곳곳에 츄러스를 판매하는 곳이 많이 있지만 터미널에서 출발해 아 르마스 광장 쪽으로 4블록을 지나 오른쪽에 있는 츄러스가 가장 맛있다. 츄러스는 1.5솔이다.

넷째 날,

잉카제국의 심장,
쿠스코

Peru

페루에서의 넷째 날, 드디어 잉카인의 심장 깊숙이 들어간다. 오늘은 그 심장이 토해낸 도시, 쿠스코를 마음껏 느껴보자. 1983년 유네스코 세계문화유산으로 지정된 쿠스코는 잉카 이전, 잉카, 식민지, 현대의 건축물이 조화를 이룬 도시로 석조 공예의 정교함이 그대로 남아 있다. 아르마스 광장을 시작으로 그들이 버팀목 삼아 박아놓은 12각 돌을 지나 잉카인들의 사람 사는 냄새가 진하게 전해져 오는 전통시장까지, 곳곳에서 들려오는 잉카인들의 숨소리와 애잔한 노랫소리에 귀 기울여보자.

넷째 날
일정지도

삭사이와망 성채

플라자 아우까이파타

페루 주스

바실 리가 메노르 라 메르세드 ㄱ

산 프란시스코 광장

카페 꼬끌라

템플로 산타 클라라

산 페드로 시장

대성당

12각 돌

뗌플로 데 엘 트리운포

르마스 광장

아르떼 잉카

파디스 펍

스타벅스

라 콤파니아 헤수스 교회

로스 문디알리스따스

산토도밍고 교회

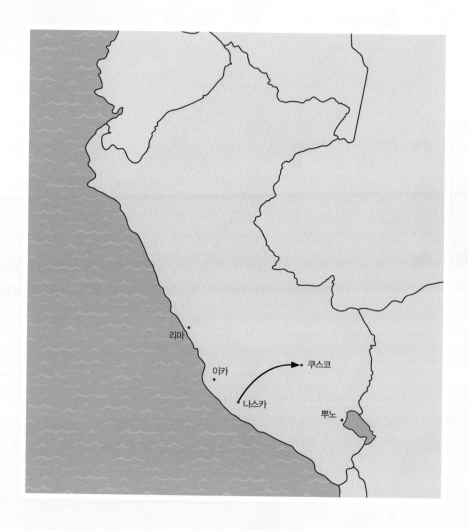

나스카에서
쿠스코 가기

리마

이카

쿠스코

나스카

뿌노

1. 쿠스코는 어떤 곳일까?

쿠스코(Cuzco)는 페루 남동부에 있는 도시로 안데스 산맥 사이의 해발 3,399m에 위치해 있다. 쿠스코에는 약 30만 명의 인구가 살고 있는데 90% 이상이 잉카인들의 후손인 인디오들이다. 900~1200년에는 키르케인들이, 1200~1532년에는 잉카인들이 지배했다. 그러다 1533년 잉카 제국의 수도이자 문화의 중심지였던 쿠스코는 프란시스코 피사로로 인해 스페인의 식민지가 된다. 스페인은 잉카인들이 만든 궁전과 사원을 비롯한 모든 건축물을 파괴했는데, 잉카인들은 파괴되었을 때 나온 돌을 주춧돌 삼아 수도원, 성당을 짓고 새로운 도시를 건설했다. 케추아어로 '세계의 배꼽'이라는 의미를 가진 쿠스코는 현재 안데스 일대의 농목업과 상업 및 교통의 중심지 기능을 하고 있다.

2. 나스카에서 쿠스코로 이동하기

크루즈 델 수르를 타고 이동한다. 쿠스코에 도착한 후 오후 일정을 위해서는 오후 8시 50분 버스가 좋다. 계절마다 출발 시간이 다르니 예약시 체크하자.

출발 시간: 20:50, 22:00
버스 요금: 135솔~(1층, 2층의 요금이 다르며, 2층이 1층보다 저렴함)

① 나스카 공용 터미널에 도착을 해서 직원에게 예약 바우처나 좌석표를 보여주고 확인한다.

② 좌석표 확인 후 왼쪽으로 나가, 짐 보관 창고에 짐을 맡기고 짐 티켓을 받는다.

③ 승차 전 휴대용 가방 및 몸을 엑스레이 탐지기로 조사를 받은 후 버스에 탑승한다.

④ 출발 전 비디오 촬영을 하면서 탑승 승객을 다시 확인한다.

3. 쿠스코에 도착해서

① 버스에서 하차해 살리다(salida: 출구) 방향으로 나간다.

② 짐 찾는 곳에서 짐 티켓을 주고 짐을 찾은 후 정면 출구로 나간다.

③ 택시기사들과 흥정 후 예약한 숙소로 이동한다.

4. 쿠스코의 교통수단

도보: 아르마스 광장 주변에 숙소를 정하면 식당, 전통시장 등 도보로 이동이 가능하다.

일반 택시: 통일된 색상의 택시는 없고 무허가 택시도 많다. 택시 위에 'taxi'라는 표시가 제대로 되어 있는 택시가 허가받은 정식 택시다.

Tip.

아르마스 광장 주변을 둘러볼 경우 택시를 이용할 필요는 없다. 아르마스 광장 주변에는 24시간 경찰 병력들이 상주하고 있기 때문에 밤에도 안전하게 다닐 수 있다. 물론 어두운 지역을 다닌다면 소매치기는 조심해야 하며, 혹시 택시를 타고 내릴 경우 항상 본인이 앉은 자리는 확인을 하고 내려야 한다. 주머니에 넣어둔 소지품이 빠져나온 경우, 택시가 떠나고 나면 끝이다. 여행자들이 가장 많이 잃어버리는 물건이 주머니에서 빠져나온 휴대폰이다. 택시를 타기 전에 택시 번호를 메모하거나 휴대폰으로 찍어두면 분실 등의 문제가 발생했을 때 경찰서에서 해결할 수 있다.

5. 쿠스코의 숙소

쿠스코 아르마스 광장 주변에는 유스호스텔이나 호텔 등의 숙소가 많다. 사전 예약 없이 쿠스코에 도착했다면 아르마스광장 주변의 골목길로 이동해 'HOSTAL'이나 'HOSPEDAJE'라고 적혀 있는 숙소들을 찾으면 된다. 대부분의 숙소가 리마보다 가격이 저렴하다.

호스텔 엘 푸마(Hostal el Puma)

주소: Calle Resbalosa No.410, Cuzco
전화번호: (+51)84-699-940
이메일: hostalpuma@gmail.com
비용: 도미토리 18솔~, 싱글 30솔~
홈페이지: hostalelpuma.com/en

서비스: 와이파이, 세탁 서비스(비용추가), 식사 준비 가능(free kitchen), 짐 맡기기, 조식 포함

호텔 까세레스(Hotel Caceres)

주소: Calle Plateros 368
전화번호: (+51)84-232-616
이메일: info@hotelcaceresperu.com
비용: 싱글(공동욕실) 25솔~, 싱글(개인욕실) 45솔~
홈페이지: www.hotelcaceresperu.com

서비스: 와이파이, 세탁 서비스(비용 추가), 짐 맡기기

오스페다헤 꼬니 와시(Hospedaje Qoni wasi)

주소: Calle Tigre No.124, Cuzco

전화번호: (+51)84-225-842

비용: 싱글 20솔~

서비스: 와이파이, 공동욕실

사랑채(한인민박)

주소: La florida, los cactus c-6, Wanchaq

전화번호: (+51)84-243-097

이메일: ech-o@hanmail.net

비용: 15달러~(공동욕실)

카카오톡 아이디: echo9005

6. 숙소 체크인 후 해야 할 일

쿠스코 근교투어 예약하기

쿠스코에서는 혼자 시내버스를 타고 근교투어를 한다는 것이 거의 불가능하므로, 근처 여행사에서 익일 투어 프로그램인 쿠스코 근교투어(친체로, 살리네라스, 모라이)를 예약한다. 투어 프로그램은 비용과 시간을 절약할 수 있는 가장 좋은 방법이며, 현지 가이드를 포함해 30솔 정도다(투어 지역 입장료는 미포함).

 Tip.

근교투어 추천 여행사 아비뚜시(Havitush)

아르마스 광장 대성당을 정면으로 보고 왼쪽으로 이동, 골목길로 들어가면 한국 식당 사랑채 앞에 있다. 투어 예약을 하지 않아도 친절하게 정보를 알려준다.

주소: Calle Procuradores No. 350 plaza de armas, Cuzco **전화번호:** (+51)84-235-045 **이메일:** maritza_travel@hotmail.com **홈페이지:** www.havitush.com

---

아구아스 깔리엔떼스 행 기차표 예매하기

여행사나 페루레일에서 오얀따이땀보에서 아구아스 깔리엔떼스까지 이동하는 기차표를 예매한다. 페루레일 사무실은 아르마스 광장에 있는 대성당을 정면으로 바라봤을 때 왼쪽 45도 방향에 위치한 KFC건물 1층에 있다. 사전에 페루레일 홈페이지(www.perurail.com/index.php)에서 구매할 수 있다.

마추픽추 입장권 예매하기

아구아스 깔리엔떼스 도착 예정 시간이 저녁이라면 쿠스코에 있는 여행사에서 마추픽추 입장권을 구매한다. 아구아스 깔리엔떼스에 있는 마추픽추 사무실에서도 구매 가능하지만 하루 입장객이 제한되어 있으므로 미리 구매하는 것이 좋다. 마추픽추 입장권은 마추픽추 입구에서 구입할 수 없으니 기억해두자.

Tip.

마추픽추 입장권 종류

마추픽추 입장권은 3종류로 나뉘며 모두 일일 입장객 수가 정해져 있다. 또 입장료가 거의 매년 상승하고 있으니 미리 체크해두는 것이 좋다. 마추픽추 공식 홈페이지(www.machupicchu.gob.pe)를 통해 입장권을 구입할 수 있으며, 예약 현황도 확인할 수 있다. 아래 입장료는 2015년 기준이다.

마추픽추 단독 입장권: 입장료는 128솔이며, 하루 2,500명으로 입장을 제한한다.

마추픽추 + 와이나픽추 입장권: 입장료는 150솔이며, 와이나픽추는 하루 400명으로 입장을 제한한다. 사전 예약은 필수다.

마추픽추 + 몬타냐픽추 입장권: 입장료는 140솔이다. 몬타냐픽추는 마추픽추에서 산길을 따라 800m를 올라가는 어려운 등산 코스로 하루 800명으로 제한한다. 오전에 일찍 입장을 해야 올라갈 수 있다.

고대 잉카제국의 수도 쿠스코의 배꼽,

아르마스 광장

Plaza de Armas, 플라자 데 아르마스

쿠스코는 퓨마가 웅크리고 있는 형태로 하늘은 독수리, 땅은 퓨마, 땅속은 뱀이 지배한다는 잉카인들의 세계관에 따라 만들어졌다. 쿠스코에서 제일 높은 곳인 삭사이와망 성채를 퓨마의 눈으로 삼아 도시를 지키게 했고, 아르마스 광장은 퓨마의 배꼽으로 잉카의 백성들이 모이게 했으며, 왕궁이자 태양의 신전인 코리칸차(Qori: 황금, kancha: 있는 곳)는 퓨마의 뒷발로 백성들의 발이 되는 장소임을 의미했다.

아르마스 광장은 쿠스코의 행정, 종교, 문화 중심지이며 세계의 배꼽 속에 배꼽이다. 아르마스 광장 바닥의 흙은 300km 떨어진 해안의 모래를 옮겨서 깔았다고 한다. 스페인에게 정복된 이후 아르마스 광장 주위에는 잉카 궁전 위에 사원과 저택을 세워졌는데 이는 투팍 아마루 2세(Tupac Amaru II)에 의해 모두 실행되었다. 현재

아르마스 광장은 대성당, 교회, 여행사, 레스토랑 건물들로 둘러싸여 있다. 아르마스 광장 한가운데에는 분수대가 있으며, 잉카제국의 수도를 쿠스코로 정한 파차쿠텍 황제(Pachacutec, 재위기간 1438~1471)의 황금동상이 분수대 위에서 광장과 그 주변을 내려다보고 있다. 파차쿠텍 황제는 '태양신의 후예' '세상의 개혁자'로 추앙받은 통치자였으며 잉카의 전성기를 이끌었다. 태양의 신전인 코리칸차와 삭사이와망 요새를 축조했으며, 마추픽추도 그가 건설했을 것으로 추정하고 있다.

아르마스 광장에서 가장 압도적인 건물은 대성당이다. 잉카시대의 비라코차 신전 자리에 세워진 이 성당은 1550년에 짓기 시작해 100년에 걸쳐 완성되었으며, 성당 안에는 은 300t을 사용해 만든 제단, '지진의 신'이라 불리는 원주민 피부색과 같은 색의 그리스도상, 쿠스코의 대표 음식 꾸이가 그려진 최후의 만찬 그림 등이 있다. 대성당을 뒤로 두었을 때 왼편에 위치한 건물은 라 콤파니아 데 헤수스 교회로, 잉카 11대 황제 우아이나 카팍의 궁전을 부수고 세웠다.

대성당을 뒤로 하고 오른편에 위치한 건물은 라 콤파니아 데 헤수스 교회로, 잉카 11대 황제 우아이나 카팍의 궁전을 부수고 세웠다. 이곳에서 두 블록을 지나면 코리칸차가 있었던 자리에 세워진 산토도밍고 교회가 있다. 산토도밍고 교회는 1650년과 1950년 두 차례 발생한 쿠스코 대지진 때 모두 무너졌다. 하지만 토대가 된 석벽만은 뒤틀림 하나 생기지 않고 그대로 보존되었으며, 현재의 교회는 지진 후 바로크풍으로 재건된 것이다.

쿠스코는 한라산과 지리산을 합쳐놓은 높이로 백두산보다 1천m 정도 더 높다. 쿠스코를 다니다 보면 비행기 이착륙 때처럼 귀가 먹먹해지다 풀리기를 반복한다. 약간의 두통이 와도 고산병이 오나 덜컥 겁이 날 정도로 촉각을 곤두세우기도 한다. 한 발자국씩 걸음을 옮길 때마다 턱밑까지 숨이 차오른다.

광장으로 발걸음을 옮겨본다. 제일 먼저 눈에 들어온 것은 창과 방패를 쥐고 쿠스코를 지키고 있는 파차쿠텍 동상이었다. 하얀 드레스를 입은 신부와 신랑 및 하객들이 동상 주변에 모여 사진을 찍고 있고, 카메라를 든 관광객들은 파차쿠텍 동상보다는 그들의 모습을 담는 데 열중이다. 파차쿠텍 동상 주변은 현지인, 관광객 할 것 없이 인산인해를 이루고 있었다.

대성당은 유럽의 건물 하나를 그대로 옮겨놓은 듯 멋진 모습으로 관광객들의 시선을 사로잡는다. 광장 주변의 벤치에서는 모두들 쿠스코의 따뜻한 오후 햇살을 즐기고 있었는데 햇살을 즐기는 그 모습이 평화롭기까지 했다. 오른쪽으로 고개를 돌리니 헤수스 교회 건물이 그 위용을 자랑하고 있고 경찰들이 곳곳에서 안전을 책임지고 있었다. 쿠스코 아르마스 광장은 페루에서 본 광장 중에 가장 우람하고 아름다운 광장이었다. 심호흡을 길게 하고 그들의 틈에 끼여 쿠스코의 심장인 아르마스 광장을 카메라에 담아본다.

아르마스 광장

어떻게 가야 할까?

▶ 아르마스 광장 주변 숙소에서 가는 방법

쿠스코의 숙소는 대부분 아르마스 광장을 끼고 동서남북으로 펼쳐져 있다. 숙소를 아르마스 광장 주변에서 정한다면 도보로 5~10분 정도만 이동하면 아르마스 광장에 도달할 수 있다. 아르마스 광장은 낮도 괜찮지만 야경을 벗삼아 펼쳐진 모습은 마치 영화 속 한 장면처럼 아름답다. 사람이 없는 고요한 광장의 모습을 즐기고 싶다면 해 뜨기 전 새벽녘에 아르마스 광장을 찾아보자.

Tip.

아르마스 광장에 내려오는 신화

잉카인들의 태양신 인티는 자신의 존재를 알리고 문명을 세우기 위해 지구상 가장 높은 곳에 위치한 티티카카 호수에서 태어난 아들 망코 카팍과 딸 마마 오클로를 세상으로 보낸다. 남매는 여러 곳을 찾아다니던 중 쿠스코가 내려다보이는 우아나카우 언덕에 도착하게 된다. 남매는 태양신에게서 받은 황금 지팡이를 하늘 높이 던진다. 황금 지팡이는 하늘로 날아가다 쿠스코에 떨어져 땅속 깊이 떨어지는데 그곳이 지금의 아르마스 광장이다.

아르마스 광장

어떻게 돌아보지?

파차쿠텍 황제 분수대

파차쿠텍 황제는 재위 30년 만에 잉카제국을 건설했다. 쿠스코에서 약소민족이었던 잉카인들은 파차쿠텍 황제의 등장으로 동남쪽 티티카카일대, 서남쪽 해안지역, 에콰도르의 키토까지 영토를 넓히게 된다.

대성당

삭사이와망 성채의 화강암을 사용해 지은 성당으로, 성당 가운데 지붕의 종은 남미에서 가장 큰 종이다. 성당의 좌우에는 2개의 교회가 있으며 그중 오른쪽에 있는 뗌플로 데 엘 트리운포 교회(Templo de el Triunfo)는 1536년에 세워진 쿠스코 최초의 교회다.
입장 시간: 월~토(10:00~18:00), 일(14:00~18:00) **입장료:** 30솔~

라 콤파니아 데 헤수스 교회

스페인의 정복으로 잉카제국 제11대 황제인 우아이나 카팍의 궁전이 파괴되고, 궁전이 있던 자리 위에 라 콤파니아 데 헤수스 교회가 세워졌다. 황금색의 중앙 제단과 벽화가 헤수스 교회의 가장 큰 볼거리다.
입장 시간: 월~토(10:00~11:30, 13:00~18:30) **입장료:** 10솔~

> **Tip.**
> **6월 동짓날의 태양 축제, 인티라미(Inti Raymi)**
> 태양 축제는 잉카인들에게 가장 중요한 축제로, 잉카인들은 동지가 지면 짧아지는 해를 불러 모으기 위해 태양신에게 제사를 지냈다. 당시 이 축제를 위해 안데스의 모든 사제들이 쿠스코에 모였고, 태양신을 다시 불러 모으기 위해 제물로 라마의 심장이나 기니피그를 태양신에게 바치며 옥수수로 만든 치차 술을 마셨다고 한다. 태양 축제는 지금도 쿠스코에서 매년 6월 24일에 열린다. 오전 9시경에 산토도밍고 교회(코리칸차)에서 시작해 아르마스 광장을 거쳐 삭사이와망 성채에서 절정의 의식을 치른다. 마야 문명이나 아즈텍 문명에서도 태양신에게 제물을 바치는 의식이 진행된 것을 보면 고대인들이 가장 두려워했던 대상은 태양신이었던 것 같다.

태양의 신전 코리칸차가 잠들어 있는 곳,

산토도밍고 교회

Iglesia de santo domingo, 이글레시아 데 산또 도밍고

산토도밍고 교회는 잉카의 태양신을 모시는 코리칸차가 있던 자리에 세워졌다. 교회 내부는 회랑식의 구조이며 벽 위쪽으로 그림들이 있다. 회랑의 중앙에는 우물이 있으며 우물을 기준으로 4개 지역으로 구분되어 있는데, 쿠스코를 중심으로 안띠수유 (Antisuyu), 꼴라수유(Qullasuyu), 친차이수유(Chinchaysuyu), 꾼띠수유(Kuntisuyu) 등 4개 지방으로 나누어 통치했다는 의미다. 당시 천문학적 중심지답게 코리칸차 내부에는 태양, 무지개, 달, 별, 천둥, 번개 신전의 방이 있으며, 교회 한쪽의 황금판에 유일하게 잉카의 세계관을 볼 수 있는 해, 달, 별, 무지개, 구름, 천둥, 인간의 모습 등이 남아있다.

➕ 이용 안내

▶ **이용 시간:** 09:30~17:00　▶ **입장료:** 10솔

아르마스 광장에서 산토도밍고 교회로 가는 로레또 골목에는 잉카의 석벽이 그대로 남아 있다. 석벽을 따라 걷는 것만으로도 미로도시 잉카로 시간여행을 떠나는 듯하다. 철기 연장 없이 장난 감을 다루듯 반듯하게 잘라놓은 타원형의 기초 석벽만이 잉카시대의 화려함을 자랑한다. 석벽 은 1650년, 1950년 2번의 지진에도 꿈쩍없이 버티고 서 있었던 잉카의 자존심이며 기술의 집합 체였다. 석벽 아래 광장을 따라 흐르는 맑은 물은 경주의 포석정을 보는 듯했으며 푸른 잔디와 어우러진 물줄기가 한없이 청아했다. 황금의 궁전이었다는 내부에는 덩그러니 황금판만이 당시 의 화려함을 대변하고 있었고 회랑 중앙에 자리 잡은 우물은 쿠스코가 가장 중심지였음을 말해 주고 있었다. 당시의 화려함은 사라졌지만 구석구석 남겨진 잉카의 흔적들은 잉카의 번성을 느 끼기에 충분했다.

산토도밍고 교회

어떻게 가야 할까?

1 라 콤파니아 데 헤수스 교회와 스타벅스 커피숍 사잇길로 접어든다.

2 첫 번째 블록에서는 잉카의 석벽이 그대로 남겨져 있는 로레또 거리를 볼 수 있다. 로레또 거리의 예술적인 돌들을 보며 지난다.

3 직진해 두 블록을 지나면 오른편에 센뜨로 메디코 무니시팔(centro medico municipal) 건물이 보인다.

4 길을 건너 계속 직진해 두 번째 블록을 지나면 산토도밍고 교회다.

산토도밍고 교회의 기초 석벽은 코리
칸차 신전의 돌로 세워졌다.

산토도밍고 교회 뒤편에는 물이 흐
르는 수로가 그대로 있다.

뒤편 뜰에는 코리칸차의 석벽이 있
다. 수십 톤의 돌이 마치 칼로 자른
듯하다. 쿠스코 지진 당시 성당은 무
너졌지만 초석은 무너지지 않았다고
한다.

Tip 2.
스페인이 기록한 코리칸차(Qorikancha)

코리칸차는 황금 장식으로 가득 채워져 있었는데 스페인 침략 당시 모두를 약탈당했다고 한다. '황금의
신전'이라고도 불렸던 코리칸차에는 얼마나 많은 양의 황금이 있었을까? 스페인 군대를 따라 쿠스코에
왔던 역사학자들이 남긴 자료들을 통해 이를 확인할 수 있다.

"코리칸차 외벽에는 20cm 이상의 금띠가 둘려져 있었고 문과 지붕은 2kg의 순금 벽돌 700여 장으로 만들
어졌으며, 내부 안뜰에는 순금으로 만든 옥수수가 심겨져 있었다. 신전 내부에 있는 태양의 신전 제단은 금
으로 덮여 있었으며 신전 내부 사다리꼴 모양의 공간에는 금으로 만든 장식품과 황금 조각상이 있었다."

코리칸차의 금으로 유럽에 인플레이션이 발생했다는 기록이 남았을 정도이니, 얼마나 많은 양의 금이 코
리칸차를 채우고 있었는지 짐작할 수 있을 것이다.

퍼즐 같은 정교함을 가지다,

12각 돌

La piedra de los doce ángulos, 라 삐에드라 데 로스 도쎄 앙굴로스

페루의 문화유산인 12각 돌은 대성당 뒤편 아뚠루미욕(Hatunrumiyoc) 거리에 있다. 돌은 쿠스코 왕국의 여섯 번째 통치자 '잉카 로카'의 거주지 중 하나였던 쿠스코 대 궁전 벽면의 일부분이다. 스페인 정복자들이 궁전 건축물은 파괴하고, 궁전의 벽면 을 기초로 건물을 올렸다. 현재 그 건물은 종교 예술 박물관으로 사용되고 있다.

잉카인들의 정교한 석조 기술은 전 세계인들의 관심을 끌고 있다. 이곳은 관광객 들의 발걸음이 끊이질 않는데 12각 돌에서 그 기술의 정교함을 확인할 수 있기 때 문이다. 비록 더 많은 각들의 돌이 있지만 아뚠루미욕에 있는 12각 돌은 쿠스코의 중심이며 퓨마 형상의 배에 해당하기 때문에 더 의미가 있다. 이 거리에 있는 돌들 은 마치 퍼즐을 맞추어놓은 것처럼 각각의 돌들 사이에 간극이 거의 없다.

12각 돌은 지름이 약 1.5m인 하나의 바위를 12각으로 다듬어 주위의 다른 돌과 맞물려지게 만들어졌다. 지진에 대비해 바닥에는 큰 돌을, 위로 올라갈수록 작은 돌을 쌓으면서 안쪽으로 조금씩 들여지게 쌓았다. 동서양의 건축물은 직사각형 모양으로 반듯하게 다듬어진 돌로 세워진 반면 잉카의 건축물에 사용된 돌은 5각, 10각, 심지어 32각 등 여러 각을 이루고 있다. 돌을 깎을 수 있는 철제가 없었기 때문에 돌 고유의 각을 최대한 맞춰서 건물을 만들었다고 한다.

입구에 들어서자 관광객들의 발길이 끝이 없다. 잘 다듬어진 조각돌과 가로등 불빛이 조화를 이루며 아름다운 야경을 만들고 있었다. 한 땀 한 땀 바느질을 정성스럽게 한 것처럼 돌과 돌 사이의 이음새에는 틈 하나 없다. 공장에서 만들어진 벽돌을 쌓아도 저렇게는 쌓을 수 없을 것이다. 벽과 벽 사이는 두부 자르듯이 정교하게 다듬이질되어 있었다. 돌 형태를 그대로 살린 완벽한 작품이었다. 돌을 자르는 정이나 끌 하나 없이 능수능란하게 만들었다는 것이 놀라울 뿐이다.

입구부터 시작된 석벽을 구경하다 드디어 12각 돌에 도착했다. 하나둘 세어보니 정확히 12각으로 되어 있었다. 아니, 정확히 12각을 살려서 기초석으로 만들었다. 12각 돌이 퓨마의 배 부분에 해당한다고 해서 한참을 보았다. 머리는 어디고, 꼬리 부분은 어디란 말인가? 바로 앞 가게에서 12각 돌을 기준으로 만들어진 대형 퓨마 형상의 그림이 걸려 있었다. 그림과 석벽을 오가며 퍼즐 맞추기를 해본다. 가게 주인은 그런 모습을 보며 웃음을 지어보인다. 잉카인의 후예라는 자부심이 가득해보인다. 잉카인들은 세상에 없는 자기들 방식으로 건축을 했고, 자기들 방식으로 세상을 호령했다. 그들의 위대함에 경의를 표한다.

12각 돌

어떻게 가야 할까?

 대성당 오른편에 있는 뗌쁠로 데 엘 트리운포 교회 쪽으로 이동한 뒤 뗌쁠로 데 엘 트리운포와 파디스 펍(PADDY'S PUB) 건물 사이의 골목길로 직진한다.

 직진하다 보면 바닥에 안띠수유(Antisuyu) 방향의 이정표가 있다. 바닥에 있는 퓨마의 머리 방향이 삭사이와망 성채 방향이다.

 한 블록을 지나면 오른편에 '아르떼 잉카(arte inka)'라고 적혀 있는 건물이 보인다.

4 바로 앞 두 블록 시작점 입구 바닥에 둥근 돌이 있다.

5 12각 돌이 있는 출발점인 아뚠루미욕 거리다.

12각 돌

어떻게 돌아보지?

작은 각까지 정교하게 맞춘 9각 돌이 있다. 작은 각까지 정교하게 아귀를 맞춘 모습이 마치 진흙을 자유자재로 다룬 듯하다.

기초 부분에 가장 자주 볼 수 있는 8각 돌이다. 이런 정교한 석조 기술이 위에서 내려오는 힘을 분산시키며 대지진에도 무너짐 없이 옛 모습을 보존하게 했다.

정교한 직사각형의 돌도 있다. 자를 대고 칼로 종이를 자른 것처럼 돌들이 모두 반듯한 모양이다.

왼편에 파란색 문 147이 있다. 이곳은 기념품 가게로, 가게 문이 열려 있을 때에는 12각 돌을 퓨마 배 모양으로 한 그림이 걸려 있다.

파란색 문 바로 앞이 12각 돌이다. 사진 한 장으로 흔적만 남기지 말고 한 각 한 각 자세하게 살펴보자. 신기한 형태가 감탄을 자아내게 할 것이다.

튀어나온 돌이 끊어진 것이 아니라 연결이 되어져 있다.

Tip.

12각 돌은 잉카인들이 신성시하는 퓨마 형상의 배에 해당된다. 12각 돌의 '12'는 잉카의 12명의 왕을 의미한다는 설과, 잉카의 달력에서 각각의 달을 가리킨다는 설이 있다.

쿠스코 현지인들을 가장 가까이 접할 수 있는 곳,
산 페드로 시장

Mercado central san pedro, 메르까도 센뜨럴 산 페드로

아르마스 광장에서 도보로 약 15분 거리에 있는 산 페드로 시장은 축구장보다 큰 대형 시장으로 쿠스코 현지인들과 가장 가까이 접할 수 있는 시장이다. 페루 사람들의 일상이나 음식 문화를 살펴보기에 가장 좋은 곳이기도 하다. 시장을 다니다 보면 쉽게 먹을 수 있는 길거리 음식들이 있다. 국수, 닭고기 스프, 세비체, 빵 등 다양한 종류의 음식들이 있으며, 100% 천연 생과일주스도 저렴한 가격에 마실 수 있다. 페루 사람들이 간식이나 식사로도 즐겨 먹는 빵을 1솔 정도의 가격에 6개나 살 수 있는 곳, 쌀 1kg을 단돈 2솔에 살 수 있는 알차고 저렴하며 사람 사는 냄새가 나는 곳이 바로 산 페드로 시장이다. 특히 냉동하지 않은 고기들, 가금류, 아마존에서 자란 열대과일, 높이 3천m 이상의 안데스 산맥에서 생산된 치즈와 옥수수, 감자 등의 농

산물 등 다양한 종류의 상품들을 볼 수 있다.

　가게마다 다르지만 대개 새벽 6시에 문을 열어 오후 5시 정도면 문을 닫으므로 시장 방문을 원한다면 저녁 시간은 피하는 게 좋다. 쿠스코의 가장 전통적인 시장인 이곳에서 페루인들의 삶을 직접 느껴보자.

쿠스코는 높은 고지대답게 아침 해가 일찍 대지를 밝힌다. 새벽 5시쯤 거리에 나서면 마치 해가 중천에 떠 있는 듯 바쁘게 하루를 맞이하는 페루 사람들을 볼 수 있다. 아르마스 광장에는 택시기사들이 손님맞이 채비를 하고 있었고, 대성당에는 새벽미사를 보려는 페루인들의 발걸음이 이어졌다.

시장 입구에서 길거리 악사가 바이올린을 연주하자 시장을 찾은 현지인들은 기꺼이 악사의 주머니에 한 닢 두 닢의 동전을 넣어준다. 시장 안은 새벽 찬거리를 사러 온 사람들, 빵과 생과일 주스로 아침식사를 대신하는 사람들, 전통차 한 잔으로 몸을 녹이는 사람들로 가득했다. 일부 가게는 이제 막 도착한 듯 덮어놓은 천을 걷으며 하루를 시작할 준비에 여념이 없었다. 여느 나라의 새벽시장처럼 역동적인 모습이었다. 시장 안 노천 음식코너에 들러 한국의 백숙과도 같은 닭고기 스프 한 그릇을 주문했다. 하얀 국물에 닭다리 하나가 전부이지만 국물맛이 일품이다. 빵을 팔고 계시는 할머니에게 오늘 다니면서 먹을 양으로 빵 몇 개도 샀다. 내가 마수걸이라도 된 듯 덤으로 하나를 얹어 주신다. 나라는 다르지만 우리네 삶과 같은 정겨움이 있었다. 일찍 찾은 쿠스코 시장에서 기분 좋은 하루를 맞이한다.

산 페드로 시장

어떻게 가야 할까?

 아르마스 광장에서 대성당을 정면으로 보며 왼쪽 45도 뒤편 길로 이동한다.

2 플라자 아우까이파타(plaza haukaypata)로 방향을 잡은 뒤 100m 정도 직진하면 왼편에 바실 리가 메노르 라 메르세드(basilica menor la merced)라는 교회가 있다.

3 교회 앞에 횡단보도가 있고, 건너편에 '페루 주스 (peru juice)'라고 적혀 있는 건물이 있다.

4 횡단보도를 건너 두 블록을 지나면 오른편에 산 프란시스코 광장이 있으며, 좀더 직진하면 세 번 째 블록 시작점에 시장 입구가 보인다.

5 왼편에 템플로 산타 클라라(teplo santa clara)라는 교회가 있는데, 교회를 지나면 바로 왼편에 산 페 드로 시장이 있다.

산 페드로 시장

어떻게 돌아보지?

입구에 들어서서 조금 걷다 보면 오른편에 생과일주스를 파는 코너가 있다.

직진하면 닭고기 스프, 빵 등 간단한 요기를 할 수 있는 노천 음식 코너가 있다. 닭고기 스프는 5솔이다.

코너를 돌아 오른편으로 이동하면 세비체 등을 파는 음식 코너가 있다. 세비체는 7솔이다. 페루에서 세비체를 한 번도 먹어보지 않았다면 이곳에서 경험해보자.

음식 코너를 지나 위로 올라가면 꽃집 코너가 있다. 우리네 정서처럼 연인들이 가장 많이 들리는 장소다.

페루인들이 손으로 직접 만든 전통 공예품 코너도 있다. 이곳에는 우리네 시골 장터처럼 싸리나무로 만든 듯 집에서 직접 사용할 수 있는 생활용품들이 가득하다.

계란 파는 코너도 있다. 엄청난 양의 계란이 아슬아슬하게 산처럼 쌓여 있다.

Tip.

산 페드로 시장에서의 먹거리

닭고기 스프

생과일주스

개구리 및 뱀 요리

현지인들도 인정하는 쿠스코 대표 음식점,
로스 문디알리스따스(Los Mundialistas)

30년 동안 오로지 한 음식만을 고집한 쿠스코 대표 음식점으로 쿠스코를 여행하는 현지 페루인도 물어물어 식당을 찾을 만큼 유명한 식당이다. 이 식당이 있는 거리는 치차론(chicharron)과 아도보(adobo)로 유명한 거리이지만 유독 이 식당만이 자리가 없을 정도로 현지인들이 많이 찾는 곳이다. 식당은 1, 2층으로 되어 있으며 같은 거리에 1호점과 2호점이 있다. 2층까지 합해도 10여 테이블밖에 안 되는 작은 식당이지만 맛만큼은 일품이다.

로스 문디알리스따스 메뉴는 치차론 세트(chicharron mundiallista), 깔도(caldo), 치차론, 아도보 등 4종류다. 치차론은 돼지 등뼈를 삶은 뒤 기름에 바짝 튀긴 음식으로, 가장 중요한 재료는 깨끗한 기름이다. 로스 문디알리스따스는 고객들이 드나들면서

도 쉽게 볼 수 있게 식당 내에서 직접
돼지 등뼈를 튀긴다. 그만큼 깨끗한 기
름과 위생에 자신이 있음을 보여주는
것이다.

치차론 세트는 이 식당의 대표 메뉴
로 치차론, 옥수수, 치즈, 따말(tamal: 옥
수수를 갈고 으깬 후 옥수수 잎으로 말아서
쪄낸 옥수수 가루 빵), 감자가 세트로 나
온다. 깔끔한 맛을 원하면 매운 소스(salsa picante)를 함께 주문한다. 깔도는 닭고기 스
프와 비슷하며, 아도보는 돼지찌개 종류로 한국의 감자탕과 비슷하다. 쿠스코에서
가장 맛있는 집이라고 소문난 로스 문디알리스따스를 찾아 자신의 취향에 맞는 음
식으로 따뜻한 한 끼 식사를 해결하자.

➕ 이용 안내

▶ **영업시간:** 07:00~18:00 ▶ **가격:** 치차론 20솔, 치차론 세트 25솔 ▶ **주소:** Pampa del castillo 371

아침 7시에 식당을 찾았다. 치차론을 먹으러 왔다고 하자 주인으로 보이는 할아버지가 청소도
해야 하고 음식 준비도 해야 하니 미안하지만 30분 후에 오란다. 바로 앞쪽에 있는 산토도밍고
교회에서 30여 분을 배회한 뒤 다시 식당에 들렀다. 아침부터 동양인이 페루의 전통음식을 먹겠
다고 들이닥치니 직원들은 의아해하면서도 넘치도록 친절한 서비스를 보여주었다.
이곳은 손님들이 드나드는 입구에서 치차론을 튀긴다. 다가가 보니 기름이 깨끗하다. 정성스럽
게 만들어진 치차론 세트가 나왔다. 전혀 느끼하지 않았다. 뼈 안쪽까지 깨끗하게 튀겨져 바삭
함이 입안 가득 전해져왔다. 양 또한 풍부했다. 하나둘 현지인들이 식당을 찾는다. 어느 나라나
음식 맛이 일품인 것은 맛집들의 공통사항인 듯하다. 쿠스코 전통 식당에서 기분 좋은 하루를
시작한다.

로스 문디알리스따스

어떻게 가야 할까?

 라 콤파니아 데 헤수스 교회와 스타벅스 커피숍 사잇길로 접어든다.

 잉카의 석벽이 그대로 남아 있는 로레또 거리로 직진한다.

 로레또 거리의 예술적인 석벽들을 보며 두 번째 블록까지 직진한다.

 두 번째 블록에 들어서면 오른편에 센뜨로 메디코 무니시팔 건물이 보인다.

 직진하면 두 번째 블록 중간 왼편에 로스 문디알 리스따스가 있다. 1호점에서 조금 더 내려가면 2 호점도 찾을 수 있다.

산뜻하고 진한 페루 커피를 마시다,

카페 꼬끌라(Cafe Cocla)

페루 커피는 브라질, 콜롬비아 등 다른 남미 국가들의 커피에 비해 많이 알려지지 않았다. 그러나 페루는 안데스 산맥, 계곡, 고산지대 등 커피 열매를 재배하기에 좋은 지역을 가지고 있으며, 특히 쿠스코, 우나누크 등의 고산지대는 고도, 온도, 충분한 습기 등 커피 생산의 최적의 조건을 갖추고 있다. 페루의 커피가 특별한 이유는 고산지대이기에 기계가 들어갈 수 없어 커피 열매를 손으로 수확하는 일이 많기 때문이다. 기계로 대량생산을 하게 되면 덜 익은 열매도 더러 섞이기 마련인데, 손으로는 익은 것만 따기 때문에 품질이 좋다.

페루 커피는 일부 다른 국가들처럼 더 많은 생산을 위해 아프리카에서 커피나무를 들여오는 것이 아니라 고산지대에서 자연 그대로의 커피를 보존한 채 나무 그늘 아래에서 재배하는 것이 특징이다. 페루 안데스에 생산되는 커피는 미국국제유기농작물개발협회(CCIA)의 유기농 인증을 받았으며, 유전적으로 혼합되지 않은 세계적으로 유일한 희귀종으로 발표되기도 했다. 현재 페루 커피의 최대 소비국은 미국과 독일이며, 페루 커피를 맛본 이들은 페루 커피에 대해 브라질이나 콜롬비아 커피보다 더 산뜻하고 진한 농도를 가진, 부드럽고 마일드한 커피라고 이야기한다.

꼬끌라 커피는 페루 쿠스코 길리밤바 2천m 고산지대의 농가들이 유기농법으로 재배한 깨끗한 커피이며 공정무역생산자조합을 통해서 제공되는 유기농 인증을 받은 커피다. 꼬끌라라는 이름은 협곡의 이름 '꼬끌라'에서 따온 것으로 꼬끌라 커피는 초콜릿향과 쓴맛으로 그 맛과 향에 중후함을 더해준다. 한국의 일부 업체에서도 페루의 꼬끌라 커피를 수입해 제공하고 있다. 쿠스코에서 꼬끌라 커피 한 잔으로 페루의 진한 향을 느껴보자.

✚ 이용 안내

▶**영업시간:** 월~금(09:00~13:00, 16:00~20:00), 토(09:00~14:00), 일요일 휴무   ▶**가격:** 아메리카노 2.5솔~   ▶**주소:** Mezon de la Estrella 137

> **Tip.**
> 계산대에서는 꼬끌라 커피를 판매하고 있다. 작은 봉지는 14솔부터 있으며, 큰 봉지는 20솔 이상이다.

꼬끌라 커피숍은 산 페드로 시장을 방문하고 돌아오는 길에 우연히 알게 되었다. 길을 지나다 진하고 구수하게 풍겨오는 커피향이 발길을 붙잡았다. 안으로 들어가니 로스팅 소리가 가득하다. 우리네 대형 커피숍처럼 크고 쿠션 좋은 소파의자는 없었지만 작고 아담하면서도 포근한 느낌을 주었다. 주위를 둘러보니 한 잔의 커피로 담소를 나누는 사람들이 자리를 가득 메웠다. 아메리카노 한 잔을 주문하자 로스팅 소리와 함께 진한 향의 커피 한 잔을 내어준다. 그윽하게 밀려 오는 커피향과 맛이 내 몸을 따뜻하게 감싸온다. 우연한 이끌림으로 들어온 커피숍이었지만 진하고 강한 향의 커피에 놀랐고 저렴한 가격에 다시 한 번 놀랐다. 을씨년스러운 날씨에 쿠스코 오리지널 커피향을 진하게 느껴본다.

카페 꼬끌라

어떻게 가야 할까?

 아르마스 광장에서 대성당을 바라보았을 때 왼쪽 45도 뒤편 길로 이동해 플라자 아우까이파타로 방향으로 약 100m 직진한다.

 바실 리가 메노르 라 메르세도 교회 앞에 있는 횡단보도를 건너 계속 직진한다.

 두 블록 끝에서 왼편 길로 들어서면 오른쪽에 카지노 건물이 보이며, 왼쪽에 카페 꼬끌라가 있다.

Tip 1.

마테차는 쓰면서, 카페인이 많은 잎을 우려낸 차로 고산지대에 사는 페루인에게는 삶의 청량제 같은 차이며 커피, 차, 코코아 다음으로 중요한 음료다.

Tip 2.

 쿠스코에서 마셔봐야 할 것으로 꼬끌라, 페루 주스와 함께 꾸스케냐(cusquena)를 추천하고 싶다. 꾸스케냐는 안데스 산맥의 물을 사용해서 만든 페루의 흑맥주로, 첫맛은 진하고 끝맛은 달다. 맥주병의 모양이 특이하며, 세계 맥주대회에서 2위를 차지했다고 한다. 쿠스코를 떠나기 전 가장 쿠스코다운 꾸스케냐를 즐겨보자.

100% 천연 생과일주스 전문점,
페루 주스(Peru Juice)

페루는 열대과일이 풍부해 어디서나 쉽게 천연 생과일주스를 접할 수 있다. 쿠스코 산 페드로 시장이 문을 닫는 저녁시간에는 페루 주스를 방문해보자. 이곳에서는 산 페드로 시장에서 판매하는 주스보다는 좀더 고급화된 생과일주스를 맛볼 수 있다.

　문을 열고 들어서면 빼곡히 적혀 있는 메뉴에 놀랄 것이다. 우리나라처럼 궁합이 맞는 과일을 섞어서 판매하고 있어서 생과일주스의 종류가 무척이나 다양하다. 예를 들어 오렌지와 파파야를 같이 섞어서 마시기도 하고, 망고와 오렌지를 섞어서 마시기도 한다. 물론 단품으로 주문을 해도 상관없다. 주문할 때는 "후고 데 파파야 (Jugo de papaya, 파파야주스)." "후고 데 나랑하(Jugo de naranja, 오렌지주스)."라고 말하면 된다.

▶ **영업시간:** 07:30〜22:45 ▶ **가격:** 3.5〜8솔 ▶ **주소:** Calle Marquez 101

빵과 주스 한 잔으로 저녁식사를 대용하는 듯 페루 주스 가게 안 테이블은 이미 만석이다. 주문을 위해 줄을 서서 기다리니 종업원이 나를 힐끗거리며 바라본다. 주위를 둘러보니 현지인 이외에 관광객이라곤 아무도 없다.

망고나 오렌지 등은 한국에서도 많이 접할 수 있는 과일이기에 자주 볼 수 없는 파파야주스 한 잔을 주문했다. 근데 받아 든 파파야주스는 주스라기보다 '죽'에 가까웠다. 숟가락이 필요할 정도로 걸쭉한 오리지널 100% 천연주스였다. 검증된 기분에 망고주스 한 잔도 주문해본다. 정말 열대과일은 산지에 와서 먹어야 한다. 수입해서 가져온 한국의 망고와는 당도가 달랐다. 망고주스는 설탕을 하나도 타지 않았지만 당도는 꿀을 듬뿍 담은 것처럼 달고 진했다.

기분 좋은 마음에 종업원에게 오픈 시간과 주소를 물어보니 신기해한다. 동양인이 스페인어를 하는 건 처음 보았단다. 나도 뭐 당신들처럼 나를 그렇게 신기해하는 건 처음 본다. 우연히 찾은 '페루 주스'에서 파파야주스, 망고주스 한 잔으로 기분 좋게 건강을 챙기곤 거리를 나선다.

페루 주스

어떻게 가야 할까?

 아르마스 광장에서 대성당을 정면으로 보며 왼쪽 45도 뒤편 길로 이동한다.

2 플라자 아우까이파타 방향으로 직진한다.

3 100여m 이동하면 왼편에 바실 리가 메노르 라 메르세드 교회가 있다.

4 횡단보도 앞 오른편에 '페루 주스(peru juice)'라고 적혀 있는 건물이 있다.

다섯째 날

쿠스코 근교 투어와
아구아스 깔리엔떼스 가기

P e r u

페루 여행에서 단연 백미로 손꼽히는 마추픽추로 달려가기 전, 잉카인들의 지혜가 담긴 현장 쿠스코 근교 지역을 돌아보자. 그들의 후예들이 터를 잡고 그들의 방식을 고집하며 살고 있는 친체로 마을도 둘러보고, 당시 쿠스코에 거주하는 모든 잉카인들의 배고픔을 달래주었던 모라이를 지나, 바다가 아닌 산속에서 생산되는 소금까지 맛볼 수 있다. 오늘은 잉카인들이 살았던, 잉카인들의 후손들이 현재까지 살고 있는 삶의 현장을 체험하는 날이다.

다섯째 날
일정지도

아구아스 깔리엔떼스

마추픽추 역

Tip.

쿠스코 근교 투어 버스는 ① 약속 시간에 맞춰 근교투어를 예약했던 여행사나 숙소로 투어 담당 직원이 픽업을 온다. 직원을 따라 집결 장소로 이동한다. ② 투어 신청 관광객이 모일 때까지 밴에서 기다린다. 쿠스코 근교 투어를 마친 후에는 아구아스 깔리엔떼스까지 이동해야 하므로 아침에 쿠스코 숙소를 나오면서 본인 짐을 모두 꾸려서 나와 쿠스코 근교 투어 버스에 짐을 실어놓는 것이 좋다.

>

① > ②

특산품 알파카로 유명한 마을,
친체로
Chinchero

친체로는 쿠스코 우루밤바 지구의 7개 마을 중 하나로 쿠스코에서 28km 떨어져 있다. 3,754m의 높이에 있는 작은 인디언 마을인 친체로는 호세 파르도 바레다(José Pardo y Barreda) 대통령이 제정한 법령 59호에 따라 1905년 마을로 지정되었으며, 케추아어 '신치(Sinchi: 용감한 사람)'에서 이름이 유래되었다. 망코 카팍(Manco Capac) 왕은 1540년 스페인과의 전쟁 당시 스페인군에 물자를 조달하지 못하게 하기 위해 투팍 잉카 유빤끼(Túpac Inca Yupanqui) 왕의 휴양지이기도 했던 친체로 마을을 불태웠다고 한다.

친체로는 잉카인들의 옛 문명을 유지하며 전통적인 모습이 남아 있는 가장 신성한 지역이라고 할 수 있다. 마을의 건축물들은 진흙 벽돌로 만들어져 있으며, 주민

들은 전통의상을 입고 잉카의 전통을 이어주는 직물 등의 생산품을 직접 만들어 전
시 판매하고 있다. 쿠스코와 같은 공간이면서도 쿠스코와는 전혀 다른 문명이 공존
하는 듯 색다른 느낌을 주는 친체로. 가장 잉카다운 모습을 보기를 원한다면 반드시
친체로를 방문해보라. 잉카인들이 살아가는 모습이 한눈에 담길 것이다.

느낌 한마디

동네 여인들은 머리를 길게 양 갈래로 땋았고, 그들의 전통모자인 '몬테라스(monteras)'를 쓰고,
전통치마인 '폴레라스(polleras)'를 입고 있었다. 어린아이를 업고 있는 젊은 여인들에게서는 어부
바 보자기 '케페리나(keperina)'도 볼 수 있었다. 그들은 이렇듯 전통적인 모습으로 자연과 호흡
하며 살고 있었다. 동네 어귀의 운동장에서는 편을 갈라 축구를 하고 있다. 나무로 엉성하게 세
워진 골대지만 열정만큼은 대단해보인다. 이처럼 친체로에는 옛것과 현대적인 것이 조화롭게
공존하고 있었다.
동네 쪽으로 발길을 옮기니 흙으로 빚은 진흙 벽돌집이 보이고, 밭을 갈다가 잠시 쉬며 허기를
채우고 있는 주민들이 보였다. 우리네 시골 어귀의 풍경을 보는 듯해 정겨웠다. 억지로 끼워 맞
추지 않아도 우리의 삶과 비슷한 점이 참 많은 듯하다. 그래서인지 페루가 전혀 낯설지가 않았
다. 그들의 순박한 웃음이 내 마음을 편하게 만들어주었다. 친체로에서 그들이 주는 멋스러움에
잠시 나를 맡겨본다.

친체로
어떻게 돌아보지?

전통 직물을 판매하는 시장을 방문한다. 쿠스코에 있다 친체로로 들어오면 마치 타임머신을 타고 과거로 온 듯 곳곳이 잉카 전통의 멋으로 가득하다.

시장에서 알파카 양탄자를 볼 수 있다. 현재 높은 가격에 거래되지만 추운 고산지대 잉카인들에게는 가장 필요한 것 중 하나였다고 한다.

시장을 둘러본 후 동네를 구경한다. 페루 여행중 가장 잉카다운 모습이 남아 있는 곳이다. 동네를 잠시 둘러보는 것만으로도 페루 여행의 묘미를 만끽할 수 있다.

바로 앞 운동장에서는 마을 사람들이 모여 자유로운 시간을 보낸다.

진흙을 반듯하게 벽돌 형태로 만들어 흙집을 만들었다. 진흙 집이 우리네 흙집을 연상하게 한다.

전통복장을 입은 모델들과 사진을 찍을 수 있다. 팁을 요구한다는 점을 알아두자.

다른 곳에서도 전통복장을 입은 여인들을 볼 수 있다. 이들은 수백 년이 지난 지금도 그들의 전통을 그대로 간직하고 있다.

친체로 마을의 전경을 바라보며 이들이 유지해온 잉카인들의 문명을 느껴보자.

Tip.

페루를 대표하는 동물, 알파카와 라마

알파카: 알파카는 해발고도 4,200~4,800m의 산악지대에서 서식하는 초식성 동물이며, 에콰도르, 페루 남부, 볼리비아 북부, 안데스 산맥 지역에 분포한다. 페루는 알파카 털의 주요 생산국으로, 알파카의 털은 양털보다 가늘고 곧으며 따뜻하고 부드러워 고급 소재의 안감으로 사용된다. 라마와는 달리 귀가 짧으며 평균수명은 20년 정도라고 한다.

라마(야마): 해발고도 2,300~4천m의 높이에 서식하는 라마는 안데스 고원이나 산지에서 짐을 나르는 중요 동물이다. 라마는 길고 끝이 뾰족한 귀와 가늘고 긴 다리가 특징이다. 라마의 털은 거칠기 때문에 알파카 털에 비해 질이 떨어진다.

아름다운 계단식 밭을 가진 잉카의 농업 연구소,

모라이

Moray

모라이 유적은 쿠스코에서 북서쪽으로 38km 떨어진 곳에 위치하며 마라스(Maras) 마을에서 비포장도로를 따라 7km 정도를 달리면 볼 수 있다. 해발 3,500m에 있는 모라이는 1932년 미국 탐험가 로버트 시피와 조지 존슨이 항공촬영중 발견하면서 세상에 알려졌는데, 원형경기장과 비슷한 형태로 그 깊이가 무려 30m나 된다. 모라 이의 어원이 어디에서 왔는지는 정확하지 않다. 옥수수 작물이라는 뜻의 케추아어 인 '아이모라이(Aymoray)'에서 왔다는 설과 껍질이 벗겨진 탈수감자를 의미하는 '모 라야(Moraya)'에서 왔다는 설 등 여러 가지 이야기가 있다.

모라이는 농업 기술 연구소 역할을 하던 야외 실험실이었다고 한다. 각 계단마다 온도와 습도가 달라 잉카제국 전 국토의 기후를 모아놓은 형태가 되었고, 토질의 조

건과 해발고도에 따라 어떤 작물이 잘 자라는지 연구하고 분석할 수 있었다. 각 계단마다 바람과 햇빛이 닿는 양이 다르며, 위쪽 계단에서 마지막 계단까지 기온차가 15도 이상 나다 보니 같은 곳에서 감자, 밀, 보리, 귀리, 조, 콩, 옥수수, 코카 잎 등 20가지 이상의 농작물을 생산할 수 있었다고 한다. 15도의 온도는 해발고도로 따지면 1천m 정도의 높이차다. 계단의 제일 아래 중심부가 태양빛을 가장 많이 받는 곳이며 가장 높은 온도를 유지한다. 따라서 잉카인들은 대체적으로 추운 곳에서도 잘 자라는 끼누아나 감자는 위쪽에, 따뜻한 곳에서 자라는 옥수수나 코카 잎은 아래쪽 계단에 심었다. 각 계단의 높이도 다르게 만들었는데, 2m 높이부터 더 낮은 높이까지 다양하다. 높이를 다르게 만든 이유 역시 바람과 햇빛이 들어오는 양을 조절하기 위한 것이라고 한다.

잉카제국의 지배체제를 더 공고하게 만들 수 있었던 잉카인의 지혜가 모라이에도 뚜렷하게 나타나 있다. 마치 강원도 고랭지에서 볼 수 있는 계단식 밭을 보는 듯 친근하지만 가까이 다가가 보면 그 넓이와 규모에 감탄할 것이다. 모라이를 방문해 잉카인들의 농업 기술을 느껴보자.

느낌 한마디

마라스 마을에서 비포장도로를 따라 들어오는 길은 너무나 아름다웠다. 도로 옆, 잉카 후손들의 삶의 터전은 마치 영화 세트장 같은 멋스러움을 자아내고, 하늘을 놀이터 삼아 놀고 있는 구름은 깨끗한 공기와 어우러져 청초함을 드러낸다.

모라이에 도착해 5분 정도 걷자 갑작스럽게 나타난 경작지의 모습에 입이 벌어졌다. 컴퍼스로 원을 그려놓은 듯 비뚤어짐 없이 반듯하게 그려진 모라이. 잉카인들의 능력과 지혜는 어디까지일까? 어떻게 저런 경작지 실험을 할 생각을 했을까? 이곳에서 생산된 농작물만으로도 잉카인들을 배부르게 했다니 대제국건설의 초석은 모라이였다. 아래로 내려가니 위에서 보는 것과는 다르게 어마어마한 면적이다. 이곳에 오기 전 읽었던 책에 나온 것처럼 가장 중심부에서 태양의 기운을 받고 싶었지만 보전 차원에서 계단 아래로는 내려갈 수 없었다. 파손을 막기 위해 지렛대로 고정하고 있는 모습이 아슬아슬하다. 출구 쪽으로 걸어가는 데만 한참의 시간을 요한다. 출구에서 다시 한 번 고개를 돌리게 되는 모라이였다.

모라이

어떻게 돌아보지?

모라이에 도착해서 입장권을 구매한다. 입장권으로 친체로 유적지, 오얀따이땀보 유적지에 입장할 수 있다. 쿠스코 방문권이 있다면 따로 입장권을 구매할 필요가 없다.

입구에 들어서면 모라이 유적의 전체 광경을 한눈에 볼 수 있다. 계단식으로 만들어진 모라이의 모습을 바라보는 것만으로도 입이 벌어진다.

모라이 유적 둘레를 돌아본다. 현지 가이드가 동행하며, 가이드가 스페인어로 모라이에 대해 전반적으로 설명해준다. 물론 간단한 영어로도 설명을 들을 수 있다.

각 계단을 내려가는 3층의 돌계단을 볼 수 있다. 이 계단을 밟고 아래까지 내려가볼 수 있었지만 지금은 유적 보존 차원에서 전면 통제되었다.

온도가 제일 높다는 모라이 유적의 제일 중심부다. 모든 관광객이 내려가서 태양의 정기를 받았던 곳이었으나 현재 유적 보전 차원에서 입장할 수 없다.

바람과 햇볕의 양을 조절하기 위해 계단 높이가 다르다. 그냥 지나치지 말고 이런 세세한 부분까지 들여다보아야 잉카인들의 지혜를 알 수 있다.

Tip.

쿠스코 방문권(Boleto Turistico)
쿠스코 관광안내소에서는 시내나 잉카 유적지를 위한 쿠스코 방문권을 판매한다. 7개의 박물관과 9개의 유적지를 볼 수 있으며, 유효기간에 따라 2종류(5일 또는 10일)로 구분된다. 유효기간이 10일인 방문권 비용은 일반이 130솔이다. 그러나 실제적으로 쿠스코에서 모든 지역을 관광하는 것은 불가능하기 때문에 반드시 구매할 필요는 없다.

각 층의 계단은 물이 잘빠지도록
큰 돌, 중간 크기의 돌, 자갈, 모래
순으로 쌓여 있다.

모라이 유적을 한 바퀴 돌아 다시
정상 부분으로 올라간다.

제일 꼭대기에서 모라이 유적 아
래를 내려다본다. 입구에서 바라
본 모습과는 또 다른 웅장함을
느낄 수 있다.

뒤편에 또 다른 모라이가 있다. 현
지 가이드 설명에 따르면 여기서
생산된 농작물만으로도 쿠스코 인
구가 다 먹고 살 수 있을 정도의 양
이었다고 한다.

주차장 쪽으로 이동하면 건너편
산의 만년설을 볼 수 있다. 만년설
만으로도 지금의 모라이가 고산
지대에 위치해 있음을 짐작할 수
있다.

주차장 왼편에는 전통제품을 판매
하는 가게가 있다. 여느 관광지처
럼 공예품 가격은 비싼 편이다.

Tip.

모라이에 도착하면 가이드가 쿠스코 방문권이 있는지 물어본다. 쿠스코 방문권을 구매하지 않았다면 모
라이, 오얀따이땀보, 친체로, 피삭을 방문할 수 있는 세트 입장권을 구매해야 한다. 세트 입장권은 70솔이
며 모라이만 입장할 수 있는 입장권은 판매하지 않는다.

태양이 주는 선물 산악 염전,
살리네라스
Salineras

쿠스코에서 40km 떨어진 잉카의 성스러운 계곡 안쪽에 마라스라는 마을이 있으며, 그곳에서 12km 떨어진 곳에 산악 염전 살리네라스가 있다. 살리네라스는 우기를 제외하면 도보로도 갈 수 있는 소금 광산이며, 산의 경사면에는 평균 면적이 1.5평 정도인 작은 우물 3천 개가 모여 있다. 안데스 산맥은 고대에는 바다 밑에 있다가 지각(地殼)의 융기로 지금과 같은 고산지대가 되었다. 그래서 아직도 토양 속에 많은 염분이 남아 있어 산에서 소금 채취가 가능한 것이다. 그 옛날 이 지역을 흐르는 계곡물에 소금이 포함되어 있다는 사실을 알게 된 잉카인들은 계곡물을 가두고 수분을 증발시켜 소금을 채취했는데, 이 전통방식이 지금까지도 그대로 이어지고 있다.

땅속 깊은 곳에서 온천수가 솟아나며, 온천수는 가느다란 수로를 지나 작은 우

물을 채우고 그 우물이 차면 아래 우물을 다시 채운다. 우물이 채워지면 수로를 막은 뒤 약 10cm 높이의 고체 소금이 생길 때까지 안데스 태양빛에 한 달 정도 말린다. 우기를 제외한 건기에 소금이 생산되며 순도에 따라 소금의 색깔은 붉은 갈색, 흰색, 황갈색으로 나뉜다. 가장 위에서 증발되어 생산되는 첫 소금은 붉은 갈색으로 아주 소량만 생산되어 고가로 판매되며, 주로 화장품이나 약용으로 쓰인다. 그 다음 수확 분은 흰색이며 식용으로 사용되고, 마지막 황갈색의 소금은 하류에서 생산되며 불순물이 가득해 가축 사료 배합용으로 사용된다. 소금 광산은 협동조합시스템으로 운영되고 있으며, 마라스에 거주하는 주민이면 분양받아 운영할 수 있다.

고산지대에서의 소금 생산은 잉카시대에 가장 신성한 것이었다. 바다와 멀리 떨어져 있던 고산지대에 가장 구하기 힘든 소금을 생산할 수 있었으니 당연한 일일 것이다. 볼리비아에 우유니 소금사막이 있다면 페루에는 살리네라스 산악 염전이 있다. 보지 않고서는 믿기 어려운 살리네라스 산악 염전을 방문해 땅 위 염전의 새로운 경험을 가져보자.

Tip.
살리네라스 입장료는 10솔이며 현지 가이드가 일괄적으로 표를 구매한다.

하얀 먼지를 폴폴 날리며 고갯길을 따라 굽이굽이 올라간다. 이리 기우뚱, 저리 기우뚱하기를
잠시, 반대편 산자락에 소복이 쌓인 하얀 눈이 보인다. 말로만 들었던 산악 염전이다. 아래를 내
려다보니 끝없는 낭떠러지다. 융기로 솟아오른 지대라고는 믿기 어려울 정도의 높이였다.

벌집을 확대해놓은 듯 작은 규모의 우물들이 오밀조밀하게 몰려 있다. 고산지대의 강렬한 햇빛
이 소금의 영롱함에 반사되어 눈이 부실 정도였다. 수원을 알 수 없는 물들이 도랑을 따라 흘러
내린다. 이게 정말 소금물일까? 흐르는 물을 손으로 조금 떠서 맛을 본다. 짜다. 바닷물 같다. 어
렸을 적 소금은 바다에서 나온다고 배웠지만 이곳 쿠스코는 해당되지 않는 곳이다.

시간이 지난 우물에서는 하얀 돌처럼 생긴 소금 결정체가 보인다. 다들 신기한지 손가락으로 맛
보기도 하고 우물을 배경으로 사진을 찍기도 한다. 처음 소금을 발견했을 때는 어땠을까? 이곳
에서 소금이 생산되지 않았다면 소금을 얻기 위해 바다로 가는 길이 얼마나 험난했을까? 한쪽
에서는 다 만들어진 소금 덩어리를 삽으로 퍼서 포대에 담는다. 볼수록 신기하다. 모라이에서의
풍성한 농작물과 살리네라스의 염전이 잉카제국의 큰 버팀목이었음이 느껴진다.

살리네라스

어떻게 돌아보지?

주차장에 내려 아래로 이동하면 물품 판매점을 지난다.

가게에서 2솔에 옥수수 칵테일인 치차모라다를 마실 수 있다. 치차모라다는 우리네 막걸리와 같은 잉카인들의 음료수다. 이곳에서 꼭 시음을 경험해보자.

저 멀리 살리네라스 염전이 조그마하게 보인다. 만년설이 쌓여 있는 듯한 모습이 신기할 정도다.

화살표 방향을 따라 이동하면 또 다른 가게들을 볼 수 있다. 이곳에서는 살리네라스 염전에 직접 채취한 소금을 판매하며, 살리네라스 소금으로 볶은 옥수수도 시식할 수 있다.

살리네라스 입구에 도착해서 왼편을 보면 도랑을 따라 내려오는 온천수를 볼 수 있다.

1.5평 규모의 3천 개의 작은 우물들이 장관을 이루고 있다. 위에서부터 차곡차곡 장난감을 쌓아 놓은 것처럼 계단식으로 만들어져 있다.

시간이 얼마 지나지 않은 우물의 색깔은 갈색이다. 저 황토물이 소금을 만들어낸다는 것이 가능할까?

조금씩 햇볕을 받아 결정체로 만들어지는 소금 덩어리를 볼 수가 있다.

한 달 정도 지난 우물은 완전한 소금 덩어리를 만들어낸다. 바닷가의 염전처럼 소금을 수확할 수 있다.

도랑을 따라 내려오는 물의 염분이 도랑 양쪽을 하얗게 만들어버린다.

위에서 아래로 내려오는 물로 인해 도랑의 둑에서도 하얀 소금 결정체가 만들어진다.

살리네라스를 배경으로 사진을 찍어보자. 도랑 사이가 좁기 때문에 사진 찍을 때 주의를 요한다.

관광을 마친 후 가게로 올라오면 살리네라스에서 생산된 소금을 볼 수 있다.

식용으로 사용되는 살리네라스 소금을 살 수도 있다.

살리네라스 소금을 뿌려 튀긴 옥수수도 판매한다. 한국에서 자라는 옥수수보다 2~3배나 큰 옥수수를 볼 수 있다는 것이 신기하다.

태양의 신을 모시기 위한 신전,
오얀따이땀보
Ollantaytambo

기차를 타고 아구아스 깔리엔떼스로 가기 위해서는 오얀따이땀보 마을을 거쳐야 한다. 2,792m 고원지대에 위치해 있으며 쿠스코에서 88km 떨어진 곳에 있는 오얀따이땀보는 비라꼬차(Viracocha: 태양의 신)를 비롯한 신들을 모시기 위한 신전이자, 잉카 저항의 지도자 망코 잉카(Manco Inca)의 마지막 항전지였고 임시 수도이기도 했다.

입구에 들어서면 거대한 계단식 테라스(Terraces of Pumatallis)가 시선을 사로잡는다. 테라스를 오르면 석벽과 마주하게 되며, 석벽 광장에는 사람 키의 2배, 42t 무게의 거대한 거석 6개가 세워져 있다. 거석은 운반 도구나 바퀴 없이 오직 사람의 힘만으로 산꼭대기까지 끌어올려졌다고 한다. 요철 모양으로 깎아 붙이거나, 돌과 돌 사이

에 가는 돌을 끼워넣은 잉카인들의 석조기술을 볼 수 있다.

유적에 올라 마을을 바라보면 왼편 산 중턱에 사람 얼굴 모양이 보이는데 잉카인들은 이를 비라꼬차의 형상이라고 말한다. 시간에 따라 햇빛이 비치는 각도가 달라지고 이에 비라코차의 눈으로 보이는 부분의 음영이 변하면서 마치 비라코차가 눈을 감았다 떴다를 반복하는 것처럼 보인다고 한다. 아구아스 깔리엔떼스로 가기 전 시간 여유가 있다면 오얀따이땀보 유적지도 관광해보자.

✚ 이용 안내

▶ **이용 시간:** 07:00~17:30 ▶ **입장료:** 모라이 입장시 구입한 세트 입장권에 포함 ▶ **홈페이지:** www.ollantaytambo. org

---

Tip.

오얀따이땀보의 대표 주전부리인 안띠꾸초

페루의 대표적인 길거리 음식 중 하나인 안띠꾸초(Anticucho)는 기원은 16세기에 만들어졌을 것이라 추정되며, 케추아어로 안띠는 '안데스', 꾸초는 '죽, 혼합'의 의미를 가진다. 안띠꾸초는 소 심장 꼬치구이로 꼬치의 끝에는 감자나 빵이 함께 나온다. 닭고기 안띠꾸초는 '뽀요 안띠꾸초(Pollo Anticucho)', 알파카 안띠꾸초는 '알파카 안띠꾸초(Alpaca Anticucho)'라고 한다. 식초, 레몬즙, 소금 등을 양념해 숯불에 구워서 판다. 페루음식의 대부분이 그렇듯이 안띠꾸초도 우리 입맛에는 조금 짤 수 있다. 오얀따이땀보 아르마스 광장에서 기차역 쪽으로 걸어오다 보면 길거리에서 안띠꾸초를 판다. 가격은 2.5솔 정도다.

오얀따이땀보

어떻게 가야 할까?

 아르마스 광장에서 출발한다.

 앞쪽 레스토랑 잉카 트래블(Restaurant Inca Travel)을 보며 직진한다.

 내리막길로 계속 직진해서 앞쪽 작은 다리를 지난다.

 다리를 지나면 전통직물과 공예품을 파는 가게가 보인다.

 오얀따이땀보 유적지 입구다.

오얀따이땀보
어떻게 돌아보지?

입구를 지나자마자 보이는 거석들을 구경한다. 거석들이 반듯하게 잘려 있다. 잉카인들은 돌 다루는 기술을 어디서 배웠을까?

계단식 테라스를 올라간다. 고산지대이다보니 계단식 테라스를 오르기 위해서는 만만치 않은 체력을 요구한다. 만약 고산병이 있는 여행자들은 피하는 게 좋다.

계단식 테라스를 올라가서 왼편으로 보면 6개의 거석이 모인 일명 '태양의 신전(Wall of the Six Monoliths)'이 있다.

계단식 테라스에서 바라본 마을 풍경이 아름답다. 발아래 펼쳐진 풍경이 한 폭의 수채화 같다.

면도칼조차 들어가지 않는 거석들을 감상한다. 페루 여행에서는 가는 곳마다 입이 벌어질 수밖에 없다. 이 거대한 거석들을 재단한 것도 신기하지만 대체 어떻게 이 높은 곳까지 운반했을까?

정상에 오르면 그림 같은 마을 풍경이 펼쳐진다. 페루 여행중 이렇게 깨끗하고 아름다운 풍경은 유일하게 이곳에서만 볼 수 있다. 눈이 부시다는 표현이 잘 어울리는 곳이다.

비라꼬차 형상을 가진 산을 감상해보자. 자세히 보면 잉카인들의 조물주 비라코차가 수염을 기른 모습이다.

계단을 내려온 후 왼편으로 이동하면 '왕녀의 목욕탕(The Princess Bath)'이 있다.

마추픽추에 가기 위한 전초기지,

아구아스 깔리엔떼스
Aguas Calientes

온천수가 나온다고 해 아구아스 깔리엔떼스(Aguas: 물, Calientes: 뜨겁다)라고 불리는 이 곳은 쿠스코 주 우루밤바 도시의 한 마을로, 2,040m의 고도에 위치해 있으며 쿠스코에서 출발하는 기차의 마지막 종착역이다. 관광을 위한 곳이라기보다는 마추픽추 전초기지로서의 역할만 주어진 마을로, 관광객을 위한 베이스캠프다. 아구아스 깔리엔떼스에서 마추픽추까지는 버스로 30분이면 도착하는데, 그래서인지 많은 관광객들이 아구아스 깔리엔떼스에서 숙박을 한 후 다음 날 새벽 일찍부터 마추픽추 입구까지 운행하는 셔틀버스를 타고 마추픽추로 이동한다.

마추픽추 관람을 위해서 꼭 머물러야 할 마을이어서 그런지 물가는 독점적이면서도 가히 살인적이다. 도넛 하나의 가격이 5솔 이상이다. 그러므로 아구아스 깔리엔

떼스로 이동하기 전 쿠스코에서 과일 같은 간단한 간식거리를 준비하는 것이 좋다.
만약 쿠스코에서 준비하지 못했다면 오얀따이땀보의 아르마스 광장 뒤편에 있는
시장을 이용하자. 시장은 아르마스 광장에서 오얀따이땀보 유적지 쪽을 바라보았을
때 뒤편에 있으며 도보로 5분 정도 걸리는 거리다. 찾기가 힘들다면 아르마스 광장
에서 현지인들에게 "메르까도(mercado: 시장)"라고 물어보면 친절하게 알려준다.

Tip.

페루 여행중 많은 경비가 지출되어 여행자들 사이에서 불만을 듣는 것이 아구아스 깔리엔떼스까지 이동
하는 기차 가격이다. 페루레일(Peru Rail)은 여행객들을 위한 최고급 클래스인 하이람 빙엄(Hiram Bingham),
다음 단계인 비스타돔(Vistadome), 저렴한 가격인 익스페디션(Expedition) 등 세 등급으로 나누어 운영하고
있다. 그 밖에 여행자들이 이용할 수 없는, 오직 현지인을 위한 로컬(Local)용이 있다. 대부분의 여행자들
은 익스페디션 클래스를 이용하지만, 저렴하다고 해도 왕복 110달러(오얀따이땀보↔아구아스 깔리엔떼스) 이상
이 지출된다. 기차 시간마다 좌석이 한정되어 있고, 시간별로 요금도 다르기 때문에 사전 구매가 필수다.
오얀따이땀보에서 아구아스 깔리엔떼스까지의 첫 기차 시간은 새벽 5시, 마지막 기차 시간은 밤 9시다.
시간과 가격이 해마다 바뀌므로 페루레일 홈페이지(www.perurail.com)에서 반드시 확인하자.

아구아스 깔리엔떼스

어떻게 가야 할까?

1 쿠스코에서 출발하는 밴을 타면 오얀따이땀보 아르마스 광장에 내린다. 앞쪽 레스토랑 잉카 트래블을 보며 다리를 건너기 전까지 계속 직진한다.

2 오토바이 택시가 정차되어 있는 곳을 기준으로 왼쪽으로 길을 잡아 10여 분 직진하면 왼편에 페루 레일 매표소가 보인다. 쿠스코에서 기차표를 구입하지 않은 경우 여기서 기차표를 구매한다.

3 매표소를 지나면 오른쪽에 간이식당이 있고, 식당을 지나면 기차역 입구가 보인다.

4 기차역 입구에서 여권과 기차표를 확인한다. 본인의 표에서 객차(coche)가 A인지를 반드시 확인한 후 A로 이동해 기차를 탄다(A는 외국인 전용칸).

Tip.
쿠스코에서 사전 구매 없이 당일 기차를 탄다는 것은 가끔 취소된 표를 운 좋게 얻는 것 외에는 기적 같은 일이므로 반드시 사전에 예약하도록 하자.

아구아스 깔리엔떼스로 이동하기

마추픽추 관광을 위해서는 쿠스코에서 우루밤바, 오얀따이땀보를 경유해서 마추픽추 유적지가 있는 아구아스 깔리엔떼스라는 도시까지 이동해야 한다(쿠스코→우루밤바→오얀따이땀보→아구아스 깔리엔떼스). 쿠스코에서 아구아스 깔리엔떼스까지 한 번에 이동하는 기차를 타는 것이 가장 편한 방법이지만, 편한 만큼 가장 많은 비용이 소요된다. 비용을 절약하기 위한 다른 방법을 알아보자.

1. 쿠스코에서 오얀따이땀보까지 버스나 밴으로 이동을 하고, 오얀따이땀보에서 아구아스 깔리엔떼스까지는 기차로 이동한다. 여행자들이 보편적으로 이용하는 방법이다. 쿠스코에서 오얀따이땀보까지 한 번에 가는 버스는 없기 때문에 쿠스코에서 우루밤바를 거쳐 오얀따이땀보로 이동해야 한다. 먼저 쿠스코 시내 아베니다 그라우(Av. Grau)에 있는 버스 터미널에서 우루밤바까지 버스로 이동한다. 우루밤바 버스 터미널에 도착한 다음에는 우루밤바에서 오얀따이땀보까지 가는 합승 밴을 타고 이동한다.

2. 쿠스코에서 오얀따이땀보까지 직접 가는 밴을 이용할 수도 있다. 쿠스코 아르마스 광장 오른편에 있는 산토 도밍고 교회에서 세 블록 아래에 있는 까예 파비토스(Calle Pavitos)에서 탄다. 비용은 10솔이다. 까예 파비토스에 택시를 타거나 걸어갈 수 있는데, 택시를 이용할 경우 아르마스 광장에서 택시를 타고 아래처럼 이야기하면 밴 타는 곳까지 데려다준다. "바모스 까예 파비토스, 끼에로 토마르 반 파라 오얀따이땀보(Vamos calle pavitos, quiero tomor van para ollantaitambo: 파비토스 거리로 가주세요. 오얀따이땀보로 가는 밴을 타고 싶어요)." 아니면 아르마스 광장 오른편에 있는 산토 도밍고 교회 쪽으로 간 뒤 현지인들에게 "까예 파비토스"라고 질문 후 도보로 이동한다. 까예 파비토스에 도착하면 밴 기사들이 "오얀따이, 오얀따이!"라고 외치며 손님을 기다리고 있다.

3. 쿠스코 근교 투어 후 쿠스코 아르마스 광장까지 돌아오지 않고 친체로에서 우루밤바, 우루밤바에서 오얀따이땀보까지 각각 밴을 타고 가는 방법도 있다. 친체로에 내리면 도로가에 우루밤바까지 5솔에 이동하는 밴이 있고(친체로에 내리면 밴 기사들이 "우루밤바"라고 외친다). 우루밤바 터미널에 내리면 오얀따이땀보까지 5솔에 이동하는 밴이 있다.

4. 쿠스코에서 아구아스 깔리엔떼스 근처 마을까지 버스로 이동한 후 기찻길을 따라 아구아스 깔리엔떼스까지 2시간 정도를 걸어가는 방법이다. 쿠스코에서 아구아스 깔리엔떼스 근처 마을까지 왕복 버스 비용은 65솔 정도로 저렴하지만 고산지대에서 2시간을 걸어야 하는 체력과 인내를 요구한다. 버스는 쿠스코에 있는 각 여행사에서 운영한다.

5. 정통 잉카 트레일, 잉카 정글 트레일로 스페인 침략 후 잉카인들이 쿠스코를 떠나 산속으로 들어가 문명을 건설할 때 이동했던 똑같은 길을 자전거 및 도보로 1박 2일이나 3박 4일 동안 이동하는 방법이다. 젊은 관광객에게 인기 있는 방법으로 사전 예약 필수다. 현지 가이드가 동반되며 역사에 대한 설명을 들을 수 있다. 쿠스코 여행사에서 예약할 수 있다.

아구아스 깔리엔떼스에 도착해서

아구아스 깔리엔떼스는 마추픽추의 전초기지답게 우후죽순처럼 늘어난 숙박시설이 많아 숙소를 예약하지 않았다 해도 걱정은 없다. 아구아스 깔리엔떼스에 도착하고 나서 호객행위를 따라 여러 숙소를 둘러볼 수도 있고, 광장 주변에 가도 숙소를 구할 수 있다. 예약을 원한다면 쿠스코에서 근교 투어 예약시 여행사에 부탁할 수도 있다. 성수기(3~8월)와 비수기의 요금에는 차이가 있으며, 성수기 외에는 가격 흥정도 가능하다.

▶ 아구아스 깔리엔떼스 주변 돌아보기

① 역에 내리면 표를 구매하는 사무실이 왼편에 보인다.

② 기차에서 내려 오른쪽 경사진 곳으로 올라간 후 갈림길에서 왼쪽으로 가면 식당가다.

③ 식당가에서 100여m 직진하면 잉카제국의 시조 망코 카팍 광장이 나온다.

④ 망코 카팍 광장의 정면에 있는 건물은 시청이다.

⑤ 광장 주변에서 숙소를 구하기 쉽다.

⑥ 마추픽추 입장권을 구매하지 않았다면 광장 뒤편 골목길에 있는 '센뜨로 꿀뚜랄 마추픽추'에서 살 수 있다.

Tip 3.

아구아스 깔리엔떼스 추천 숙소, 호스텔 꼬야 라이미(Hostal Colla Raymi)

주소: Esquina Colla Raymi con Collasuyo a espaldas de la Municipalidad de Machupicchu

위치: 망코카팍 광장 앞 시청 건물 뒤편

전화번호: (+51) 84-211-326

이메일: orl992@hotmail.com

비용: 싱글(개인 욕실 있음) 45솔(비수기 요금이며, 성수기에는 가격이 2~3배 올라감)

서비스: 와이파이, 세탁 서비스(비용 추가), 짐 보관(Luggage Storage) 등. 체크아웃은 다음 날 오전 9시 30분이며, 체크아웃 이후에 짐은 창고에 보관할 수 있다.

Tip 4.

호스텔 꼬야 라이미 골목 초입에는 치파 넷(Chifa.net)의 상호를 가진 중국 음식점이 있다. 주변 식당의 호객 행위에 지친 관광객이나 동양의 맛을 즐기고 싶은 여행자들이 찾으면 제격이다. 볶음밥이 포함된 세트가 주메뉴다.

여섯째 날,

잃어버린 도시
마추픽추를 만나다

Peru

리마에서 출발해 숨 가쁘게 달려왔던 일정에서 마지막 정점을 찍는 마추픽추. 모든 여행자들은 가장 먼저 마추픽추의 문을 열기를 원한다. 태양의 기운이 오르기도 전에 버스 정류장으로 달려가보자. 버스를 타고 입구까지 올라가는 13단의 고갯길은 페루만의 정취를 여행자에게 안겨주고, 산자락마다 걷히는 구름은 신비로운 분위기를 자아낸다. 가슴 깊이 마추픽추를 담아보자.

여섯째 날, 일정 한눈에 보기

마추픽추

마추픽추

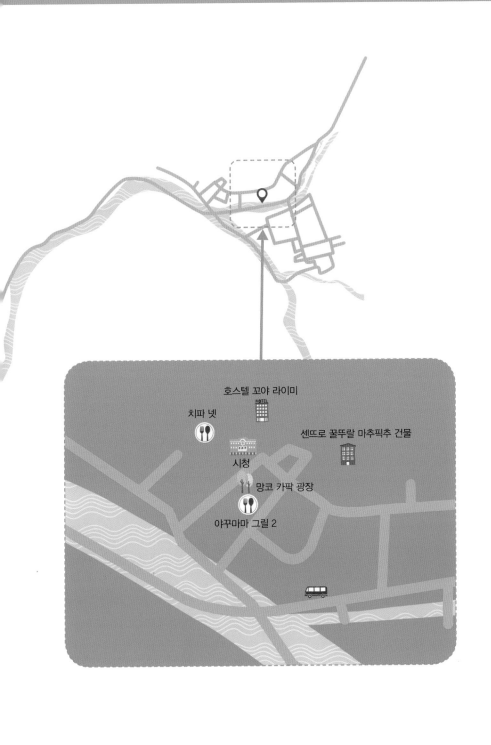

호스텔 꼬야 라이미

치파 넷

센뜨로 꿀뚜랄 마추픽추 건물

시청

망코 카팍 광장

야꾸마마 그릴 2

잉카제국의 잃어버린 공중 도시,

마추픽추
Machu Picchu

현지어인 케추아어로 '오래된 봉우리'를 의미하는 마추픽추는 쿠스코에서 북서쪽으로 110km 떨어진 곳에 위치해 있으며, 위대한 잉카제국 시대를 펼친 파차쿠텍 잉카 유팡키(Pachacútec Inca Yupanqui, 1438~1471) 때 세워진 것으로 추정된다. 16세기 후반 이유 없이 도시를 버리고 더 깊숙한 오지로 잉카인이 떠나면서 완전히 세상에 잊힌 마추픽추는 1911년 미국 예일대학교의 역사학자 하이럼 빙엄(Hiram Bingham, 1875~1956) 박사에 의해 발견되었고, 1983년 쿠스코와 함께 유네스코 세계문화유산에 등재되었다.

마추픽추의 총 면적은 4만 평에 이르며, 유적 주위는 높이 5m, 너비 1.8m의 견고한 성곽이 에워싸고 있다. 계단식 밭이 3천 단, 지어진 건물만도 약 200호 정도다.

이 계단식 밭에서 나는 옥수수로 1만여 명에 이르는 주민들이 충분히 먹고살았다고 전해질 만큼 그 규모가 엄청나다.

마추픽추는 건물이 단층으로 되어 있는 것이 특징이며, 크게 서부 지역인 하난(Hanan)과 동부 지역인 후린(Hurin)으로 나뉜다. 하난 지역은 종교적으로 신성시했던 곳으로 주신전, 3개의 창문 신전, 태양의 신전 등이 있고, 후린 지역은 주로 백성들의 주거지와 작업 공간이 모여 있는 곳이다.

해발 2,430m에 위치해 있어 '공중 도시'로 불리는 마추픽추는 2007년 세계 7대 불가사의로 선정되었으며, 문화유산 보존을 위해 하루 입장객을 2,500명 정도로 제한하고 있다. 스페인의 침공으로 모든 유적이 파괴되고 해체될 때 마추픽추만큼은 피사로에게 발견되지 않아 400년 동안 오롯이 자연의 숨결 속에 묻혀 있었다. 철과 바퀴도 없이 20t

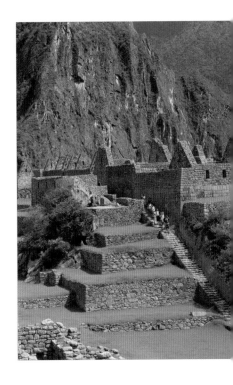

이 넘는 돌들을 고산지대까지 옮긴 점, 얇은 종이 한 장 들어가지 않게 돌을 재단해 축조한 점 등은 아직도 풀지 못한 미스터리로 남아 있다.

Tip 1.
마추픽추를 왜 만들었는지 추정하는 학설에는 3가지가 있다. 첫 번째는 농경과 하늘을 관찰하기 위해서 만들었다는 것. 두 번째는 15세기 파차쿠텍 왕의 은신처이자 잉카인이 여름을 보내기 위한 공간이었다는 것이다. 마지막 세 번째는 여성의 수도원이었을 것이라는 이야기가 있다. 하이럼 빙엄이 마추픽추를 발견할 당시, 도시 아래 동굴에서 유체 185구 중 109구가 여성의 시체였기 때문이다.

Tip 2.
미니버스의 첫 출발은 새벽 5시 30분이다. 새벽 5시도 채 되지 않은 이른 시간이지만 정류장에는 이미 관광객들로 인산인해를 이룬다. 가장 먼저 마추픽추로 입장하고 싶다면 미니버스 티켓은 전날 구매하는 것이 좋다. 정류장 바로 앞 계곡 옆에 조그만 티켓 부스가 있다. 버스 비용은 왕복 약 19달러, 편도 10달러 정도다. 버스 비용은 해마다 오르기 때문에 확인할 필요가 있다.

새벽 4시 30분, 반은 눈을 감은 채 미니버스 정류장으로 이동한다. '첫 출발이 5시 30분이 라는데 너무 빨리 움직이는 건 아닐까?'라는 우려도 잠시, 정류장에는 이미 100m도 넘게 사람들이 줄을 서고 있다. 첫차는커녕 나는 3대의 버스를 보낸 후에야 버스를 탈 수 있었다. 아침 햇살이 서서히 올라오기 시작한다. 구름이 하얀 띠를 만들어 산허리를 감싼 모습은 한 폭의 수채화보다 아름다웠다. 장구한 세월 동안 세상과 격리된 흔적들이 마추픽추를 오르는 산자락 곳곳에 남아 있었다.

30여 분을 달려 입구에 도착했다. 입구에서 여권과 입장권을 대조한 후 마추픽추를 한눈에 담을 수 있는 전망대 쪽으로 발길을 옮겼다. 덮어놓은 장막이 걷히듯 안개가 밀려나면서 마 추픽추가 눈앞에 그 모습을 드러내자 모두들 말이 없다. 그렇게 숨을 멈추게 만드는 곳이 마추픽추였다. 발걸음을 옮겨 도시의 입구로 들어간다. 가까이에서 보이는 돌들은 틈이 없 다. 두부를 잘라도 이렇게 반듯하게 자르진 못할 것이다. 신전 지역으로 들어간다. 석고 사 용도 없이 쌓여진 형태를 견고하게 유지하고 있다는 것이 그저 놀라울 뿐이다. 서쪽 지역을 돌고 메인광장으로 들어오니 마추픽추 여행자들의 친구인 알파카가 풀을 뜯고 있다. 잠시 알파카의 평화로운 모습을 바라보며 휴식을 취해본다.

잠시 숨을 고르고 '천상세계의 신' 꼰도르 신전으로 발걸음을 옮겨본다. 현지 가이드의 설명 을 듣는 여행자들의 모습이 사뭇 진지하다. 식량 저장소를 마지막으로 마추픽추의 관광을 마무리한다. 페루 여행의 가장 하이라이트 마추픽추를 보고 나니 두 다리가 풀린다. 심금을 울리는 영화가 관객의 발걸음을 잡듯이 마추픽추는 내 발걸음을 오랫동안 부여잡았다.

마추픽추

어떻게 가야 할까?

 망코 카팍 광장 뒤편 식당가로 이동한다. 식당가를 지나 도로에서 왼쪽으로 이동하면 미니버스가 정차되어 있다.

 미니버스 티켓을 티켓 부스에서 구매한다. 티켓을 구매한 후 줄을 서서 버스를 기다린다.

 버스를 타고 30분 정도 이동한다. 버스는 따로 출발 시간이 정해져 있지 않다. 관광객들이 모두 좌석에 앉으면 출발한다.

 버스에서 내려 마추픽추 입구로 간다. 여행자들이 걷는 방향으로 함께 이동하면 된다.

 입구에서 여권과 입장권 이름이 같은지 직원들에게 확인받은 뒤 입장한다.

왼편을 보면 마추픽추의 전체 지도가 있다.

 짐이 많으면 입구로 들어와서 왼쪽 짐 보관소에 맡긴다.

 길을 따라 100여m 이동하면 왼편에 마추픽추를 처음 발견한 역사학자 하이럼 빙엄의 이름이 새겨진 동판을 볼 수 있다.

 계속 직진하면 마추픽추가 나타난다.

Tip.

아구아스 깔리엔떼스에서 마추픽추 입구까지는 산길을 따라 걸어서 이동하는 방법과, 30분 동안 미니버스를 타고 이동하는 방법이 있으니 취향에 맞게 선택하면 된다.

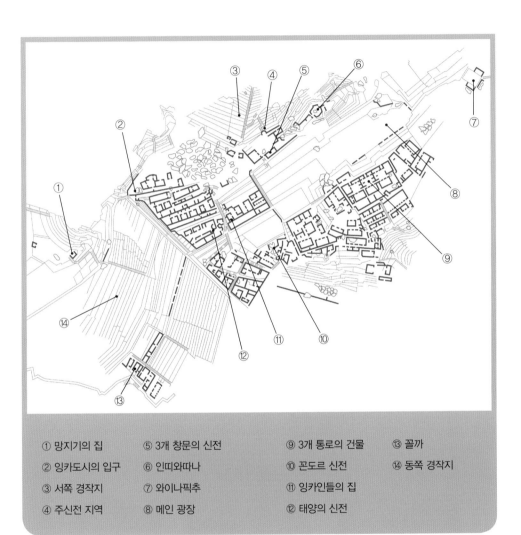

마추픽추
한눈에 보기

① 망지기의 집
② 잉카도시의 입구
③ 서쪽 경작지
④ 주신전 지역
⑤ 3개 창문의 신전
⑥ 인띠와따나
⑦ 와이나픽추
⑧ 메인 광장
⑨ 3개 통로의 건물
⑩ 꼰도르 신전
⑪ 잉카인들의 집
⑫ 태양의 신전
⑬ 꼴까
⑭ 동쪽 경작지

마추픽추
어떻게 돌아보지?

망지기의 집(Recinto del Guardián)
유적 입구에서 왼쪽 좁은 돌계단
을 올라가면 망을 보던 망지기의
집이 나온다.

장의석
망지기의 집 뒤편을 보면 농경지
와 장의석이 보인다.

서쪽 경작지(Sector Agrícola Oeste)
망지기의 집에서 왼쪽 아래를 보
면 우루밤바 계곡이 흐르고 서쪽
경작지가 보인다.

잉카도시의 입구(Acceso Principal
a la Ciudad Inca)
이정표를 따라 내려오면 가장
먼저 보이는 곳이 잉카도시의
입구다.

채석장
채석장에는 정제되지 않은 돌들
이 아직도 남아 있다.

주신전 지역(Sector de los Templos)
중요한 의식행사를 진행하던 곳
이나 장제당 또는 묘당으로 추정
되는 주신전 지역을 볼 수 있다.

3개 창문의 신전(Templo de las Tres
Ventanas)
잉카인들이 영혼을 위해서 제사
를 지내던 장소다.

인띠와따나(Inti Watana)
3개 창문의 신전을 지나 직진하
면 천문관측을 했던 인띠와따나
가 나온다.

거룩한 바위(Roca Ceremonial)
인띠와따나를 구경한 후 바로 정
면의 계단을 따라 내려가면 와이
나픽추가 있고, 그 오른편에 거룩
한 바위가 있다.

와이나픽추(Wayna Picchu)
마추픽추를 조망할 수 있는 와이나픽추가 보인다. '젊은이의 봉우리'라는 뜻을 가진 와이나픽추는 하루에 입장하는 관광객 수를 제한하고 있다.

메인 광장(Plaza Principal)
마추픽추의 메인 광장이 보인다. 잉카인들은 메인 광장에서 농산물, 생활필수품 등의 물물거래를 했다고 한다.

3개 통로의 건물(Grupo de las Tres Portadas)
일반 거주 지역인 동부 지역을 대표하는 건물인 3개 통로의 건물이 보인다.

꼰도르 신전(Templo del Cóndor)
꼰도르 신전은 천상 세계의 신 꼰도르를 위한 신전으로, 돌과 석벽 건물은 V자 모양의 독수리 날개를 형상화했다.

태양의 신전(Templo del Sol)
태양의 신전은 자연 그대로의 바위로 만든 마추픽추 최고의 건물로, 아래의 기초석은 무려 20m에 이르며 기초석 위에는 곡선 형태의 돌이 쌓여 있다.

우물(Fuentes)
물이 흐르는 수로를 볼 수 있다. 신분이 높은 사람이 의식 전에 그들의 몸을 씻거나 생활용수로 사용했던 것으로 추정한다.

잉카인들의 집(Casa de Inca)
잉카인들이 살았던 곳이다. 그 당시 지붕은 짚으로 만들었기 때문에 없어져버렸고, 현재는 모두 몸체만 남아 있다.

동쪽 경작지(Sector Agrícola Este)
서쪽 경작지에 이어 동쪽에도 경작지가 있다. 넓지 않은 급경사 지형을 계단식 밭으로 만들어 효율적으로 운영한 것을 볼 수 있다.

꼴까(Depósitos Qolqas)
계단을 따라 내려가 오른쪽으로 이동하면 잉카시대의 식량 저장소인 꼴까가 나온다.

마추픽추

'감시인의 집' '파수꾼의 전망대'라고 부르는 망기지의 집은 마추픽추의 전경을 사진으로 담을 수 있는 대표적인 사진 촬영 장소다. 사실 전망대에는 관광객이 많아 자유롭게 사진 찍기가 어렵다. 전망대를 지나서 잉카 브리지(Inca Bridge) 쪽으로 조금 올라가면 사람이 없어 사진 찍기에 더 좋다.

장의석은 신을 모시기 위한 희생 의식이니 미라 의식을 지내던 곳으로, '하늘(콘도르)' '땅(퓨마)' '지하(뱀)'를 상징하는 3단의 계단으로 되어 있다.

Tip.

마추픽추와 와이나픽추의 전체적인 사진을 찍고 옆으로 돌려보면, 와이나픽추가 코 모양을 가진 사람 얼굴 모양이 된다.

전성기에는 서쪽 경작지의 계단식 논에서 200가지가 넘는 종류의 곡물이 자랐다고 하는데, 어디서 내려오는지 모르는 수로의 풍부한 물이 농작물을 자라게 하는 결정적인 역할을 했다고 한다.

채석장에 있는 돌들이다. 이렇게 투박한 돌들을 끌도 없이 깨끗하고 정교하게 정제된 돌로 만들 수 있었는지는 아직까지 수수께끼로 남아 있다.

잉카도시로 들어가는 정문 위의 돌은 문이 무너지지 않도록 버팀목 역할을 하고 있다. 입구 쪽을 보면 왼쪽과 오른쪽에 줄로 묶을 수 있게 원통형 돌이 있고, 위쪽에는 문고리 모양의 돌이 있다.

Tip.

마추픽추 유적지 내에는 화장실이나 간이매점이 없다. 마추픽추 입장 전 화장실을 이용하는 것이 좋으며, 갈증 대비 생수도 꼭 준비하는 것이 좋다.

주신전 지역은 지반이 내려앉아서 벽을 이루던 돌들이 기울어져 있는데, 그 틈새를 보면 돌 형태 그대로 퍼즐을 맞추듯 맞추었다는 것을 알 수 있다. 이음새 부분에 어떠한 재료도 사용하지 않았음에도 몇 백 년이나 지난 지금까지 쌓은 형태 그대로 유지되고 있다.

3개 창문의 신전 앞쪽에는 3개의 세계관을 나타내는 계단이 있는데, 하이럼 빙엄은 3개의 창문은 각각 다른 3개의 산을 담기 위한 문이라고 이야기하기도 했다. 이 신전에는 3개의 창문을 통해 8명의 형제자매가 나왔으며 그 중 한 명이 잉카제국의 기초를 세웠다는 제1대 황제 망코 카팍이었다는 건국신화가 깃들어 있다.

가장 높은 곳에 위치해 있어 다른 곳보다 햇빛이 잘 들어오는 인띠와따나에서는 햇빛과 그림자로 시간을 측정했으며, 제단으로 사용하기도 했다. 약 1.8m의 돌이 기묘하게 깎여 있는 형태이며, 그 위에 36cm 크기의 기둥이 세워져 있다. 잉카인들은 이 기둥의 그림자를 통해 계절의 변화를 관측했다고 한다. 인띠와따나는 케추아어로 '태양을 묶어두는 곳'이라는 의미로, '인띠'는 '태양', '와따'는 '묶는다', '나'는 '장소'를 뜻한다. 춘분과 추분 때 태양은 그림자가 전혀 생기지 않는 기둥 위에 머무는데, 잉카인들은 그 기둥이 태양을 붙잡아놓았기에 그림자가 생기지 않는 것이라고 생각했고, 그래서 태양을 묶어두는 곳이라고 불렀던 것이다.

거룩한 바위는 바위 뒤에 위치한 푸투쿠시픽추
[Putucusi Picchu, 복(福) 봉우리]의 모양을 하고 있으며,
바위를 만지며 소원을 빌면 희망하는 모든 소원이
이루어진다는 전설이 있다.

시장 역할과 함께 각종 행사가 있을 때는 모임 장소
로도 활용되었던 메인 광장은 인따와따나에서 왕이
육성으로 연설을 해도 광장까지 잘 전달될 수 있도
록 설계되었다고 한다.

와이나픽추는 두 차례(07:00~08:00, 10:00~11:00)로 나
누어 한 번에 200명씩 총 400명이 입장할 수 있으
며 오후 4시까지는 모두 하산해야 한다. 인원 제한
이 있다 보니 사전 예약은 필수다. 와이나픽추까지
올라가는 길은 매우 험하지만 정상에 올라 바라보는
마추픽추의 전경은 정말 일품이다.

와이나픽추 입구를 뒤로 하고 출구 쪽으로 나가면 3개 통로의 건물이 가장 먼저 보인다. 3개의 벽, 안뜰, 2개의 객실이 있으며, 창고 등 실용적인 기능을 위한 공간으로 사용했다고 추정한다.

꼰도르 신전 날개 뒤편에 사다리꼴 모양의 홈이 있는데, 감옥 또는 미라를 안치했던 장소라고 한다. 왼쪽 날개 아래는 희생 의식을 치르던 장소로, 발견 당시 의식용으로 사용했던 것으로 추정되는 동물들의 뼈가 있었다고 한다.

Tip 1.

건물 안으로 들어간 후 오른쪽으로 이동하면 잉카인들이 사용했던 물거울(Espejos de Agua: 옥수수를 갈던 장소)이 있다.

Tip 2.

신전 아래 왕실 무덤에는 3개의 계단이 있는데 3개의 계단은 저승과 죽음을 상징하는 뱀, 현생을 상징하는 퓨마, 천상 세계의 신인 꼰도르를 나타내는 것이라고 한다. 계단 안쪽에는 파차쿠텍 왕의 미라를 만들어 왕실 무덤을 만들었다고 한다.

마추픽추에 있는 수로의 기원은 어디인지 알 수가 없으며, 지금도 물이 흐르고 있는 수로가 총 16개나 있다. 이 수로의 개수로 800~1천 명이 거주했음을 추측할 수 있다.

태양의 신전 건물 상단에는 창문이 뚫려 있는데, 이 창문으로 들어오는 햇빛을 관찰해서 계절 변화를 파악함으로써 파종과 수확시기를 결정했다. 이에 관한 정보는 왕이 직접 통제하면서 통치자의 권한을 확보했다고 한다.

마추픽추에 있는 집들은 지위에 따라 벽의 틈이 달랐다고 한다. 틈 없이 촘촘하고 정교하게 꿰어 맞추듯이 쌓은 벽은 지위가 높은 집이며, 돌과 돌 사이의 틈이 크면 클수록 건물의 중요성이나 지위가 낮은 집이다.

동쪽에는 40단이 넘는 경작지가 3m 높이마다 만들어져 있으며, 제일 밑단부터 제일 윗단까지는 3천 개가 넘는 계단으로 연결되어 있다. 서쪽과 동쪽 경작지에서 나는 옥수수, 감자로 1만여 명의 주민들이 충분히 먹고 살았다고 한다.

꼴까의 사다리꼴로 만든 창은 바람이 다니는 길목으로 감자를 무려 6년간 저장할 수 있는 냉동 창고였다고 한다.

담백하고 깔끔한 알파카 숯불 요리,
야꾸마마 그릴 2
(Restaurant Pizzeria Yakumama Grill II)

마을의 중심인 망코 카팍 광장 주변에는 노천카페를 겸한 식당들이 즐비해 있는데, 그중 '야꾸마마 그릴 2'는 영어, 일본어 등 여러 나라에서 온 관광객들의 이용 후기가 벽면에 덕지덕지 붙어 있어 쉽게 눈에 띈다. 이 식당의 추천 요리는 '알파카 아라 빠리야(Alpaca a la parrilla: 알파카 숯불 요리)'로, 그 모양이 페루 전통음식인 로모 살따도와 비슷하다. 알파카 요리는 담백하고 깔끔한 맛으로 고기에 숯불의 은은한 향이 깊게 배어 있다.

알파카 숯불 요리를 주문하면 피스코 샤워 한 잔도 같이 나오는데 이곳의 피스코 샤워는 다른 지역보다 도수가 높은 것이 특징이다. 코끝에 전해져 오는 부드러움과 신맛이 알파카 숯불 요리와 매우 잘 어울린다.

Alpaca Tenderloin /
Lomo de Alpaca

Grilled Alpaca Tenderloin /
Alpaca a la Parrilla

**Served with fried potatoes and salad with a
little vinaigrette sauce /** Servida con papas fritas
y ensalada toque de salsa vinagreta.

s/. 3

➕ 이용 안내

▶ **영업시간:** 10:00~22:00　▶ **위치:** 망코 카팍 광장 주변 식당가　▶ **비용:** 25솔~

마을 중심인 망코 카팍 광장으로 이동해본다. 광장 주변에는 노천카페를 겸한 식당들이 즐비했다. 마추픽추 관광을 끝낸 대부분의 여행자는 커피나 맥주, 피자 등으로 오후의 망중한을 즐기고 있었다. 주변 식당에 비해 유난히 시끌벅적한 식당 한 곳을 식사 장소로 정해본다. 입구부터 포르트갈어가 들려온다. 브라질에서 온 듯한 여행자들이 꾸스께냐 맥주를 마시면서 식사를 하고 있었다. 종업원의 추천에 따라 알파카 숯불 요리를 주문했다. 페루 여행 중 처음으로 알파카 요리를 알게 되었다. 알파카, 감자, 밥이 세트로 나온 알파카 요리는 한국식 불고기 덮밥과 흡사했다. 매운 소스를 곁들이니 칼칼하게 올라오는 맛이 입맛을 돋우었다. 깨끗하게 접시를 비우며 허기진 배를 채워본다. 야꾸마마 그릴 2에는 추천 메뉴인 알파카 요리 이외에도 닭요리 등 다양한 종류가 있다.

Tip.
아구아스 깔리엔떼스의 모든 식당 음식은 다른 지역에 비해 터무니없이 비싸다. 무엇보다 식사 후 계산서에는 다른 지역과는 다르게 세금(tax)이 추가되어 나온다. 페루 여행에서 가장 많은 경비가 지출되는 것이 마추픽추 관광이다. 음식, 숙박, 입장료, 기차 등 다른 곳에 비해 거의 배로 경비가 지출된다. 망코 카팍 식당 주변에는 호객행위가 많다. 메뉴판 가격에 비해 저렴하게 먹을 수 있는 프로모션 식당도 있다.

야꾸마마 그릴 2

어떻게 가야 할까?

 망코 카팍 광장에서 망코 카팍 동상을 정면으로 본다.

2 망코 카팍 동상의 왼손 45도 뒤쪽 식당가로 이동한다.

3 식당가 입구에서 오른쪽으로 30여m 직진한다.

4 야꾸마마 그릴 2 입구가 보인다.

1. 현지인 시장

망코 카팍 광장 뒤편, 100여m 남짓한 골목길에 위치한 현지인 시장에서는 시골 장터처럼 야채, 과일, 감자, 고기 등을 판매하고 있다. 열대과일로 간단하게 배고픔을 달래기에 좋다. 시장에 들어서서 직진을 하다 첫 번째 갈림길 바로 오른쪽에 저렴한 가격으로 스프를 파는 가판대가 있다. 준비된 양이 많지 않기 때문에 금방 동이 난다. 오리지널 현지 음식을 먹고 싶은 여행자들의 허기진 배를 채우기에 그만이다. 쿠스코의 산 페드로 시장과는 비교할 수도 없는 공간이지만 현지인들의 순수한 모습은 쿠스코보다 더 정겹다. 쿠스코로 돌아가기 전 시간이 남는다면 현지인들의 특징을 한눈에 볼 수 있는 이곳을 한번 둘러보자.

▶ 현지인 시장 가는 길

① 망코 카팍 광장에서 망코 카팍 동상을 정면으로 본다.

② 망코 카팍 동상의 왼손 45도 뒤쪽 식당가로 이동한다.

③ 식당들이 즐비하게 늘어져 있는 초입에서 왼쪽으로 가면 현지인 시장 입구가 나온다.

2. 전통 직물시장

우루밤바 계곡을 지나 식당가 반대편으로 이동해 골목길에 접어들면 페루 어디에서나 볼 수 있는 직물시장이 있다. 손으로 직접 짜서 만든 머리띠, 옷, 가방 등을 판매한다. 다양한 물건들이 많아 무료한 시간에 둘러보면 좋다. 다른 지역에 비해 가격이 저렴한 편은 아니지만 대부분의 상인들이 물건을 고르면 흔쾌히 흥정에 응해주기도 한다. 쿠스코행 기차를 타기 전 직물시장에 들러 잠시나마 쇼핑 시간을 가져보자.

▶ 전통 직물시장 가는 길

① 망코 카팍 광장 뒤쪽 식당가로 이동한 뒤 식당가 입구에서 오른쪽으로 30여m 직진한다.

② 식당가 입구에서 오른쪽으로 30여m 직진하면 '야꾸마마 그릴 2(Yakumama Grill II)' 식당이 나온다.

③ 야꾸마마 그릴 2를 지나 도로가에서 왼쪽으로 길을 잡는다.

④ 우루밤바 계곡을 지나는 다리가 나오면 다리를 건넌다.

⑤ 다리를 건너면 기차역 이정표가 나오고, 이정표를 지나면 직물시장이다.

Tip 2.
아구아스 깔리엔떼스에서 쿠스코로 돌아가기

아구아스 깔리엔떼스에서 기차를 타고 오얀따이땀보로 이동해, 밴을 타고 쿠스코로 간다.

▶ 아구아스 깔리엔떼스에서 기차를 이용해 오얀따이땀보로 가기

① 망코 카팍 광장 뒤편 식당가 입구에 서 오른쪽으로 30여m 직진한다.

② 야꾸마마 그릴 2 입구를 지나 도로가 에서 왼쪽으로 길을 잡는다.

③ 우루밤바 계곡을 지나는 다리를 건 너면 기차역 이정표가 나온다.

④ 이정표를 지나면 직물시장이 나온다.

⑤ 페루레일 기차역 입구에서 기차표를 확인한다.

⑥ 100여m를 걸어가면 대합실이 있다. 기다리다 기차 시간에 맞춰 기차에 탑 승한다.

▶ 오얀따이땀보에서 밴을 이용해 쿠스코로 가기

① 오얀따이땀보 기차역에서 하차한다.

② 직물시장 쪽으로 100여m 직진하면 오른쪽에 밴들이 있다.

③ 밴에 탑승한다.

Tip 3.
밴 기사들이 "쿠스코, 쿠스코!"라고 외치며, 손님이 다 차면 출발하는 합승 밴을 '딱시 꼴렉띠보(Taxi colectivo, 합승 택시)'라고 한다. 합승 밴을 이용하면 1인 10솔로 쿠스코까지 갈 수 있으며, 2시간 정도 소요된다.

일곱째 날,

—

안데스의 성스러운 호수,
티티카카

P e r u

페루 여행 일곱째 날. 페루 제일 남단에 위치한 티티카카 호수가 유혹한다. 하루 동안의 짧은 일정이지만 하늘 아래 가장 높이 위치한 티티카카호를 방문하는 것이 페루의 마지막 일정이다. 야간 버스에 몸을 싣고 새벽에 도착하니 쌀쌀한 공기와 함께 티티카카 호수가 여행자들을 반긴다. 호수 위의 신비로운 갈대 섬 우로스로 달려가 잉카 후손들의 삶을 배우고 그곳에서 잡힌 신선한 송어 요리로 만찬을 즐겨보자.

티티카카 호수

∨

우로스 섬

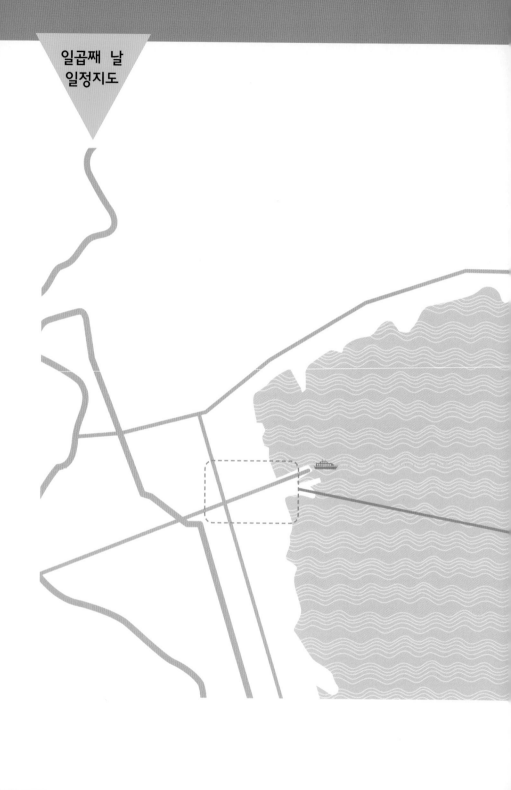

일곱째 날
일정지도

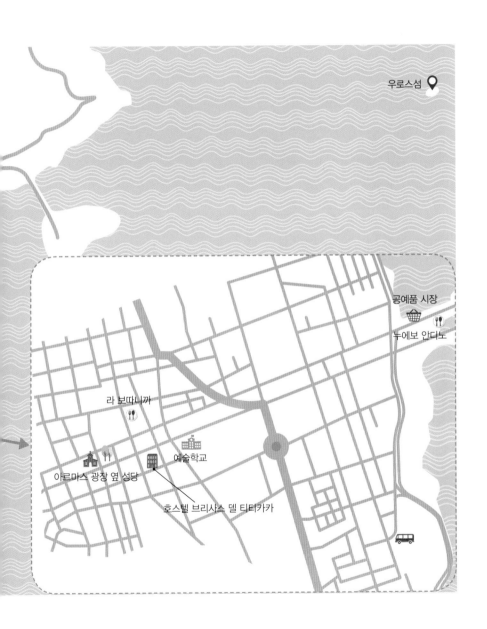

우로스섬

공예품 시장
누에보 안디노

라 보따니까

예술학교
아르마스 광장 옆 성당

호스텔 브리사스 델 티티카카

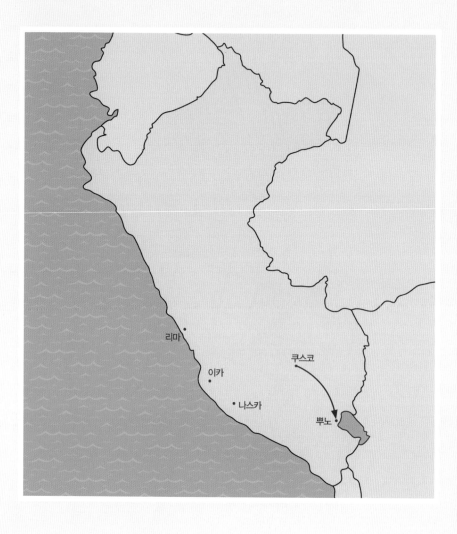

쿠스코에서
뿌노 가기

리마

이카

나스카

쿠스코

뿌노

1. 뿌노는 어떤 곳일까?

뿌노(Puno)는 페루에서 가장 높은 고산 도시로 페루 남동부 안데스 산맥의 중앙에 위치해 있다. 3,810~4,050m 높이에 호수와 산이 있으며, 세계에서 가장 높은 곳에 위치한 티티카카 호수가 있다. 티티카카 호수는 잉카제국의 시조인 망코 카팍이 강림했다는 전설이 있으며, 페루와 볼리비아의 국경을 나누고 있다. 기원전 1만 년경부터 시작된 수렵·채집 생활은 뿌노를 페루의 주요 농축산 지역으로 만들었으며 지금도 거대한 고원과 평원에는 알파카, 라마 등을 방목하고 있다. 현재 뿌노의 인구는 20만여 명으로 대학교도 유치할 정도로 성장하고 있으며, 뿌노주의 주도로서의 기능을 하고 있다.

2. 쿠스코에서 뿌노로 이동하기

공용 터미널인 떼르미날 떼레스뜨레에는 다양한 회사의 버스가 여러 시간대에 운영된다. 계절마다 출발 시간이 다르니 확인해야 한다. 단, 크루즈 델 수르는 야간(출발 시간 22:00)에만 운행된다. 버스 요금은 40솔 이상이며(1층과 2층의 요금이 다르며 2층이 1층보다 저렴하다), 8시간 이상 소요된다.

① 아르마스 광장에서 택시를 이용해 쿠스코 공용 터미널로 간다(택시비 7솔). 택시를 타고 "바모스 떼르미날 떼레스뜨레 (Vamos Terminal Terrestre)"라고 말한다.

② 터미널로 들어가면 여러 회사의 버스 부스가 있다. 이용할 버스의 뿌노행 버스표를 구매한다.

③ 버스표를 구매한 후 따메(TAME)라고 적혀 있는 부스를 찾아 공용터미널 이용세를 지불한다. 페루의 공용터미널에서는 버스 이용자들에게 이용세를 부과한다. 이용세는 1.3솔이다.

④ 따메 부스 왼편의 버스 승강장 입구로 나간다. 구매한 표의 버스를 찾아 짐을 싣고 짐표를 받은 후 탑승하면 출발한다.

3. 뿌노에 도착해서

① 버스에서 내린 후 기사에게 짐표를 주고 짐을 찾은 뒤 살
리다(salida, 출구) 방향으로 나간다.

② 'SALIDA'라고 적혀 있는 표지판을 따라 들어오면 터미널
내부다.

③ 터미널 내부에서 택시 승강장 표시를 보고 이동한다.

④ 택시를 타고 예약한 숙소로 이동한다. 숙소를 예약하지
않았다면 주변에 호텔과 호스텔이 많은 아르마스 광장으로
이동한다(택시비 5솔).

4. 뿌노의 교통수단

일반 택시

자전거 택시

오토바이 택시

미니봉고

도보: 뿌노의 아르마스 광장 주변에 숙소를 정하면 광장 주변 관광은 도보로 가능하다.
일반 택시: 터미널에서 숙소나 아르마스 광장까지 이동할 때 보통 택시를 이용하지만 광장 주변은 길이 좁아 교통체증이 심하다. 택시를 타기 전 택시 위의 'taxi'라는 표시를 반드시 확인하자.
자전거 택시: 티티카카 호수 주변에서 흔히 볼 수 있는 교통수단이다.

오토바이 택시: 페루 리마와 쿠스코 이외의 도시에서 가장 많이 볼 수 있는 교통수단으로, 뿌노에서도 아르마스 광장을 벗어나면 흔하게 볼 수 있다.

미니봉고: 뿌노 현지인들이 주로 이용한다.

5. 뿌노의 숙소

뿌노의 모든 숙소는 대부분 아르마스 광장 근처에 있고, 우후죽순처럼 늘어나 숙소를 예약하지 않았다 해도 걱정할 필요가 없다. 성수기(3~8월)와 비수기 숙박 요금에 차이가 있으며, 비수기에는 흥정도 가능하다.

호스텔 브리사스 델 티티카카(Hostal Brisas del Titikaka)

주소: Jr. Cajamarca, 252-3, Puno(아르마스 광장에서 두 블록 아래)

이메일: hostalbrisasdeltitikaka@hotmail.com

전화번호: (+51)51-363-937

비용: 싱글(개인욕실) 35솔~(비수기 요금. 성수기에는 가격 변동)

서비스: 와이파이, 세탁[비용 추가, 짐 보관(Luggage Storage)], 주방시설 등

세계에서 가장 높은 구름 위의 호수,

티티카카 호수

Lago Titikaka, 라고 티티카카

티티카카 호수는 페루와 볼리비아 사이에 있는 호수로 고산지대의 바다라 불리며 하늘과 맞닿은, 세계에서 가장 높은 호수다(해발 3,812m). 충청남도 크기와 비슷한 8,300km²(약 2,500만 평) 면적에 남북 길이 195km, 동서 길이 60km, 호수의 평균 깊이 135m, 최대 수심 284m에 이른다. 증기선이 항해할 수 있는 가장 높은 육지 속 바다다. 호수는 수온이 낮고 물속의 산소량이 적어 이스피, 가라치, 안수치, 라밍고(메기) 등 살고 있는 물고기의 종류는 몇 되지 않으며 45종류의 새, 35cm나 되는 개구리도 서식한다. 피부로 호흡하는 개구리 특성상 공기가 희박한 이곳의 개구리는 다른 지역의 개구리와는 다른 피부를 가지고 있다. 한낮의 풍부한 일조량으로 티티카카 호수의 물은 많이 증발되고 있지만 빙하에서 흘러나오는 물과 수십여 개의 작

은 하천, 강우로 다시 채워진다. 호수는 평균적으로 10~14℃의 수온을 유지한다. 하지만 겨울(6~9월)에는 빙하로 덮인 안데스 산지의 매서운 바람 때문에 일교차가 심해진다.

케추아어로 '티티'는 '퓨마'를, '카카'는 '회색'을 뜻하는 말이다. 잉카제국 시절 호수 주변에 퓨마가 서식했다고 전해진다. 티티카카 호수를 위성으로 촬영해 거꾸로 뒤집어 보면 퓨마가 토끼를 잡으러 달려가는 모습이다. 퓨마는 잉카인들에게 힘의 상징이며 숭배의 대상이었다. 티티카카 호수는 잉카 후예들의 정신적 고향이며, 안데스 고산족 아이마라(Aymara)족의 삶의 터전이다.

티티카카 호수의 60%를 차지하는 5개 섬은 페루가, 40%를 차지하는 2개 섬은 볼리비아가 점유하고 있다. 칠레와의 전쟁에서 바다를 잃어버린 볼리비아는 티티카카 호수에 해군기지를 둘 정도로 이곳을 중요하게 여기고 있다. 티티카카 호수는 한국의 가장 높은 산인 백두산(2,744m)보다 1천여m 높은 위치에 있다. 세계에서 가장 높은 육지의 바다 티티카카 호수를 방문해 특별한 추억을 담아보자.

> **Tip.**
> 티티카카 호수는 대표적인 페루의 고산지대이므로 고산병이 찾아올 수 있다. 천천히 이동하면서 자주 물을 마시고 코카 차도 마시자. 대부분의 숙소 로비에는 코카 차가 마련되어 있다.

새벽녘에 티티카카를 찾았다. 여느 항구도시의 새벽처럼 아늑하고 적막했다. 호수를 따라 물안개가 피어올랐다. 물안개가 드라이아이스처럼 꿈틀거린다. 내려앉은 햇살이 물안개를 살포시 밀어버리자 풍경화 한 점이 걸려 있다. 휑하니 둘러친 산자락에는 집들이 옹기종기 숨을 쉬고 있었다. 마치 장난감을 빼곡히 박아놓은 것 같다. 발아래 호수에는 수십 척의 배가 명령만 기다리고 있었다. 녹조 현상이 가득하지만 그 녹조도 티티카카라 특별하다. 하늘을 올려다본다. 손을 뻗으면 닿을 듯 구름이 눈앞에 있다. 살면서 가장 가까이에서 구름을 본다.

산책길을 따라 걸어본다. 이침 공기가 상쾌하게 밀려왔다. 호수 한편에서는 청둥오리가 물장난을 치고 있다. 청둥오리의 날갯짓에 호수의 녹조는 자리를 비키다 모이다를 반복한다. 조깅을 하는 현지인이 스쳐간다. 가벼운 목례로 인사를 건네며 엄지손가락을 추켜올렸다. 고맙다는 표정과 함께 더 신나게 달려간다. 난 걷기도 버거운데 저렇게 달려가다니 대단하다. 산책길을 접고 부두 쪽으로 돌아온다. 아침을 여는 리어카가 반갑게 시장기를 달래준다. 그들이 준비한 따뜻한 차 한 잔과 빵 한 조각으로 티티카카의 아침을 맞이한다.

티티카카 호수

어떻게 가야 할까?

▶ 아르마스 광장에서 걸어서 이동하는 방법(15분 정도 소요)

 아르마스 광장 정면 성당을 등지고 양쪽에 나 있는 길 중 오른쪽 길로 직진한다(총 7블록).

 4블록을 지나면 조그만 광장과 함께 왼편에 예술학교가 나온다.

 7블록을 지나 철조망 앞 끝 지점에서 왼편으로 100여m 직진하면 오른편에 공예품시장이 보인다.

 공예품시장을 지나면 레스토랑 거리다.

 레스토랑 거리를 지나면 티티카카 호수다.

▶ 택시를 타고 이동하는 방법

일반 택시, 자전거 택시, 오토바이 택시 등을 이용할 때는 택시기사에게 "바모스 뿌에르또(Vamos puerto, 항구)"라고 하면 된다. 비용은 3솔이다.

Tip 1.

티티카카 호수 전설

옛날 옛적 인디오들이 숭상하던 퓨마가 사람들을 잡아먹던 모습을 본 여신은 슬픔에 못 이겨 하염없이 눈물을 흘렸고, 그 흘러내린 눈물이 호수를 만들었다. 이 호수에 퓨마가 빠져 죽는데, 그때 모습이 회색으로 변해 '티티카카(회색 퓨마)'라고 부르게 되었다는 전설이 있다.

Tip 2.

창조 신화

안데스의 태양신 인티 라미가 티티카카 호수에 사는 인간들의 삶을 보니 미개하고 야만적이었다. 태양신은 잉카제국의 창시자인 그의 아들 '망코 카팍'과 그의 여동생 '마마오꼬요'를 티티카카 호수 태양의 섬(Isla del Sol)으로 내려 보낸다. 망코 카팍은 농사기술을 가르치고, 마마오꼬요는 라마 털로 물레질하는 법을 가르쳐 인간들을 미개에서 벗어나게 한다. 이 호수는 태양의 섬에 강림했다는 신화가 내려오면서 페루인들이 신성하게 여기는 곳이다.

티티카카 호수
어떻게 돌아보지?

입구에 들어서면 오른편에 전통 공예품시장이 나온다. 다녀본 시장 중 가장 저렴하다.

직진하면 오른편에 레스토랑들이 즐비하게 늘어서 있다. 우로스 섬 투어 후 트루차 요리는 이 레스토랑 거리에서 즐기자.

직진하면 페루의 해군 장교이자 최대 영웅이었던 엘 페루아노 델 미레니오(El Peruano del Milenio)의 흉상이 있다.

왼편에는 모형 등대가 보인다. 바다가 아닌 호수에 모형 등대가 있을 정도니 티티카카 호수가 얼마나 넓은지 짐작할 수 있다.

앞쪽 말레꼰 거리를 산책하며 호수를 즐겨보자. 말레꼰 거리에는 산책이나 아침 운동을 즐기는 사람들의 모습을 자주 볼 수 있다.

말레꼰 거리에서 아름다운 풍경을 바라보자. 녹조 현상이 있지만 아침 햇살을 받은 녹조의 모습이 더진한 아름다움으로 다가온다. 정박된 배의 모습들만으로도 아름다운 장면을 연출한다.

오른편에는 관광객을 위한 수십 척의 배들이 정박된 선착장도 보인다.

왼편 호수에서는 오리배도 탈 수 있다. 티티카카 호수의 작은 놀이 시설이다.

호수 위 갈대로 이루어진 인공 섬,
우로스 섬
Uros

우로스는 티티카카 호수 바닥과 얕은 곳에 사는 5~7m 크기의 갈대인 '토토라'를 엮어 만든 인공 섬으로 뗏목처럼 물 위에 둥둥 떠 있으며, 섬 아래의 수심은 4~5m 정도 된다. 원주민인 우루족은 호전적인 잉카인들과 스페인 군대를 피해 티티카카 호수로 들어와 우로스 섬을 만들어 거주했다. 우로스 섬은 삶의 터전이었으며 망루를 갖춘 방어기지이기도 했다.

인공 섬을 만들기 위해서는 1년에서 1년 반 정도의 시간이 소요되며, 바람이 불면 섬이 이리저리 떠내려가므로, 장대를 물속 깊은 곳까지 관통시켜 떠내려가는 것을 방지한다. 물과 닿은 갈대는 계속해서 썩기 때문에 15~30일마다 새 갈대를 쌓아줘야 한다. 섬의 가장 자리에는 갈대로 만든 집들이 빙 둘러져 있고, 육지와 같이 돼지,

닭을 키우고 있다. 티티카카 호수에는 우로스 섬이 41개나 있으며, 섬 하나는 학교 운동장 3개 크기이고, 섬과 섬 사이를 오고갈 때는 토토라로 만든 배를 타고 이동한다. 토토라로 만든 배의 뱃머리에는 퓨마나 뱀 현상이 올려져 있다. 섬 위로 올라가면 푹신한 쿠션을 밟는 느낌이다. 독특한 갈대문화가 남아 있는 우로스 섬을 방문해 티티카카 호수를 담아보자.

배 안에서는 악사 한 명이 기타와 삼뽀냐(Zampoña: 피리와 비슷한 안데스 산맥의 전통 악기)로 흥을 돋우어준다. 여행지에서 만난 특별한 공연에 약간의 팁으로 보답했다. 티티카카 호수에는 41개의 우로스 섬이 있고, 수입이 한쪽 섬으로만 몰리는 것을 막기 위해서 도착하는 우로스 섬은 각각 다르다는 이야기를 현지 가이드가 전해준다. 끝없이 펼쳐진 호수가 푸른 물감을 풀어놓은 듯 깨끗하다. 토토라 사이에서 그물질을 하는 돛단배의 풍경도 아름답다.

우로스 섬에 도착하자 열렬한 원주민들의 환영에 인사를 건네고 앉았다. 섬을 만드는 과정을 듣고 토토라로 만든 집도 구경했다. 걸음을 옮길 때마다 침대에 오른 것처럼 바닥이 오르락내리락한다. 원주민은 라마(야마)와 알파카로 짠 옷과 모자, 양말, 장신구 등을 좌판에 벌여놓는다. 물건을 구입하는 관광객이 별로 없으니 그들의 표정이 굳어진다. 그들의 표정을 보니 더더욱 손이 잘 가지 않는다. 왜일까? 토토라로 만든 배를 타고 이동하니 신선이 따로 없다. 바쁘게 고개를 돌려 주위를 돌아보지만 눈에 다 담을 수 없다. 아름다운 티티카카 호수를 가슴에 가볍게 담아본다.

우로스 섬

어떻게 가야 할까?

 티티카카 호수 선착장에서 우로스 섬 투어 티켓을 구매한다. 투어비용은 15솔(왕복10솔+섬 입장료 5솔)이다(판매시간: 06:00~17:00).

 배정받은 배로 이동한 뒤 배에 탑승한다.

 배 출발 전에 잠깐의 공연이 있다. 이들은 공연이 끝난 후 팁을 요구한다.

 최소 출발 인원 9명 이상이 되면 출발한다. 총 6km 정도를 이동한다.

> **Tip.**
> 유스호스텔 등의 숙박업소 또는 아르마스 광장 주변 여행사에서도 투어 티켓을 구입할 수 있다. 투어 비용은 35솔로 호텔 픽업 및 투어 후 호텔에 데려다주는 것까지 포함되어 있어 직접 선착장에서 사는 것보다 20솔 더 비싸다.

우로스 섬
어떻게 돌아보지?

배가 출발하면 현지 가이드가 스페인어와 영어로 티티카카 호수에 관해 설명하고 투어 일정을 이야기한다.

15분 정도 이동하면 울창한 '토토라' 지역을 지난다. 토토라 숲을 지날 때는 배가 천천히 이동하며, 이때 배 위에 올라가서 사진을 찍을 수 있다.

15분 정도 지나면 우로스 섬에 도착한다. 우로스 섬을 만드는 과정을 가이드가 설명해준다.

토토라를 시식할 수도 있다. 토토라는 인공 섬을 만드는 재료로 사용되지만 식용으로도 문제없다.

가이드 설명이 끝나면 토토라로 만든 집으로 이동한다. 원주민들이 어떻게 살아가고 있는지 볼 수 있다.

투어가 마무리되면 현지인들이 만든 직물과 장신구를 판다. 시대가 변한 우로스의 모습이지만 원주민들의 수제 공예를 가장 잘 바라볼 수 있는 곳이다.

추가로 10솔을 더 내면 토토라로 만든 배를 타고 다음 목적지까지 이동할 수 있다.

도착한 섬의 레스토랑에서는 간단한 음료와 송어 요리를 판다.

여권에 우로스 섬 스탬프도 받을 수 있다. 우로스 섬 스탬프를 받기 위해서는 추가 비용 1솔을 더 내야 한다.

페루에서 꼭 맛보아야 할 송어 요리,

누에보 안디노(Nuevo Andino k-9)

차갑고 깨끗한 1급수에서만 서식하는 뜨루차(Trucha: 송어)는 송어류 중 식용할 수 있는 연어과 생선을 말한다. 중남미에서 뜨루차 요리의 기원은 멕시코 메리다에서 찜 요리를 먹기 시작하면서였으며, 티티카카 호수에서는 '미국이 북미처럼 남미에서도 뜨루차 요리를 쉽게 먹을 수 있게 하자.'라는 취지로 수많은 양의 송어를 티티카카 호수에 풀면서부터였다. 이후 티티카카 호수의 주변국인 페루, 볼리비아에서는 뜨루차 요리가 주 메뉴가 되었으며 쉽게 접할 수 있는 음식이 되었다. 뜨루차 요리는 우리나라의 생선구이와 비슷하다. 페루의 전통음식 중 하나이며 티티카카 호수에서는 반드시 먹어봐야 할 음식이다.

기름에 튀긴 송어 요리는 신선함이 일품이다. 뜨루차 전문 요리점에는 다양한 종

생선뼈로 우려낸 스프

살사 삐깐떼(salsa picante: 매운 소스)

잉카 콜라

류의 뜨루차 요리를 선보인다. 뜨루차 프리따(Trucha Frita: 튀긴 요리)는 빨간 육질이 그대로 드러나며 기름에 튀긴 후 레몬즙을 함께 넣어 새콤달콤하다. 뜨루차 플란차 (Trucha Plancha: 구운 요리)는 송어를 그릴에 구운 요리로 은은한 향이 좋고, 뜨루차 아호(Trucha Ajo: 마늘 요리)는 구운 요리 위에 마늘 소스를 올린 것으로 담백한 마늘향이 요리의 풍미를 더한다. 또 뜨루차 디아블라(Trucha Diabla: 야채 요리)는 송어 튀김에 매콤한 소스와 볶은 야채를 올려 놓은 것으로, 톡 쏘는 맛이 일품이다.

누에보 안디노는 티티카카 호수 항구에 일렬로 늘어서 있는 식당 중에 하나로 뜨루차 요리만 16가지 이상 만들어내는 전문점이다. 주위의 식당보다 항상 현지인이 자리를 가득 메우고 있는 식당으로 왜 이렇게 인기가 많은지는 직접 방문해서 요리를 먹어보면 안다. 티티카카 호수를 찾는다면 이 호수 최고의 명물 뜨루차 요리로 맛난 한 끼 식사를 해결하자.

✚ 이용 안내
▶ **영업시간:** 07:00~17:00 ▶ **가격:** 13솔~ ▶ **위치:** 티티카카 호수 선착장 옆 레스토랑 거리

한국에 횟집이 바닷가를 빙 둘러 있듯이 티티카카 호수 주변에는 생선 요리 집이 줄지어 있다. 한국처럼 고급스럽고 깨끗한 건물의 식당들은 아니지만 페루에 온 듯 정겨운 느낌의 식당들이다. 식당가에 들어서니 한국의 횟집처럼 호객행위를 시작한다. 현지인들이 가장 많이 식사하는 곳의 노천테이블에 자리를 잡았다. 메뉴판을 보니 아르마스 광장 주변 식당과는 가격이 2배 이상 차이가 난다. 가장 유명하다는 송어 튀김요리를 주문했다. 세비체를 먹을 때처럼 생선뼈 스프 한 그릇이 먼저 나온다. 시원한 스프 한 그릇이 페루 일정의 고단함을 달랜다. 송어 요리가 나온다. 바삭한 식감이 좋다. 가시가 많을 거라 생각했지만 어떻게 발랐는지 먹기 편해서 좋았다. 레몬을 더해서 먹기도 하고, 매운 소스를 넣어서 먹어 보기도 하며 맛난 티티카카 호수의 송어 요리를 마무리했다. 와인만 어울릴 줄 알았던 요리가 차 한 잔과도 어울렸다. 식사를 끝내고 나니 여종업원이 다가와 호구조사를 한다. 그리곤 자기 이름을 한글로 써달라고 부탁한다. 급한 대로 휴지에 '로레(role)'라고 적어주니 남편 것도 부탁한다. 또 다른 직원도 달려온다. 난 티티카카 호수에서 맛난 숭어요리 한 그릇과 한글 이름을 건네주는 추억을 담아간다.

누에보 안디노
어떻게 가야 할까?

 공예품시장을 지나 레스토랑 거리로 간다.

 레스토랑 거리에서 선착장 쪽으로 이동하다 보면 k-9(번호) 식당을 볼 수 있다.

Tip.

코카콜라를 즐겨 마시는 다른 중남미 국가 현지인들과는 달리 페루 사람들은 차(茶)를 즐겨 마신다. 고산지대라는 지형의 영향 때문인지 고산병에 효과가 있다고 알려진 코카 차(Mate de coca)나 만사니요 차(Manzanillo)를 가장 많이 마신다.

뿌노 아르마스 광장 주변에서의 한 끼,

라 보따니까(La Botanica)

아르마스 광장 주변의 식당들은 여느 관광지의 모습처럼 호객행위가 만연하다. 특히 리마 거리(Jr. Lima)의 식당들은 페루 물가에 비하면 가격이 만만치 않다. 높은 가격에도 맛만 보장된다면 문제없지만 대부분의 식당들이 만족스럽지 못한 것이 사실이다. 뿌노는 참 작은 도시였다. 중심지라 해도 10여 분을 걸으면 끝 지점에 다다른다. 식당도 마찬가지다. 아르마스 광장 주변이 아니면 찾기가 힘들다.

시내를 두 바퀴 돌았다. 내부 인테리어도 좋고 호객행위도 없는 식당 하나를 찾았다. 내부로 들어서니 그동안 페루에서 보지 못한 깔끔한 식당이었다. 메뉴판을 보니 스파게티, 알파카 요리, 스프, 중국 요리까지 다양한 음식이 있었다. 오늘은 칼칼한 음식이 구미를 당겼다. 중국식 볶음밥을 주문했다. 음식이 나온 후 양에 놀랐다.

혼자서는 먹을 수 없는 양이었다. 매운 소스를 곁들여 땀을 흘리며 한 그릇을 비우고 나니 오랜만에 제대로 된 밥 한 그릇을 먹은 것 같다. 페루는 식당을 비롯한 모든 장소에서 팁이 의무가 아니다. 하지만 오늘은 팁을 건네본다. 서비스도 좋았고, 음식 맛도 괜찮았다. 맛난 음식으로 기분 좋은 뿌노의 하루를 마무리한다.

✚ 이용 안내

▶ **영업시간:** 09:30~22:00   ▶ **가격:** 20솔   ▶ **위치:** 아르마스 광장에서 두 블록 아래

고산지대의 뿌노를 찾으니 날씨가 을씨년스럽다. 이런 날씨에는 우리네 음식과 비슷한 요리를 찾게 된다. 페루 어디에서나 쉽게 찾을 수 있는 페루식 퓨전요리 중국음식을 주문해본다. 입 안 가득 포만감이 밀려온다. 맛난 음식을 먹을 때면 항상 기분이 좋아진다. 티티카카 호수 근처라고 꼭 생선요리만을 고집하는 것보다는 나의 기호에 맞는 음식을 찾는 것도 여행의 또 다른 묘미인 것 같다. 기분 좋은 만찬으로 뿌노의 밤거리가 더 아름다워진다.

라 보따니까

어떻게 가야 할까?

 아르마스 광장 왼편 리마 거리로 길을 잡고 초입에서 두 블록 직진한다.

2 리마 거리 두 번째 블록 끝 지점에서 오른쪽으로 길을 잡은 뒤 두 블록을 내려간다.

3 두 블록을 내려간 후 오른쪽을 보면 라 보따니까가 보인다.

여덟째 날,

—

아디오스,
페루!

Peru

페루 여행 마지막 날. 며칠 동안 페루를 담기 위해 너무나 재미있게 다녔다. 오늘은 페루 여행의
마지막 날! 아쉬움을 뒤로하고 역사적인 멋이 고스란히 남아 있는 멋들어진 나라 페루를 마음껏
느껴보자. 지인들을 위해 준비하지 못한 선물도 사고, 저녁에는 센뜨럴 공원으로 나가 여행지의 추
억에도 잠겨보고, 페루인들이 전해주는 낭만에도 젖어보자.

여덟째 날, 일정 한눈에 보기

민속 공예품시장

여덟째 날
일정지도

던킨 도너츠
레스토랑 카페 스위스 바

드라곤 식당
플라잉독

센뜨럴 공원

인포메이션 센터

케네디 공원

민속 공예품시장

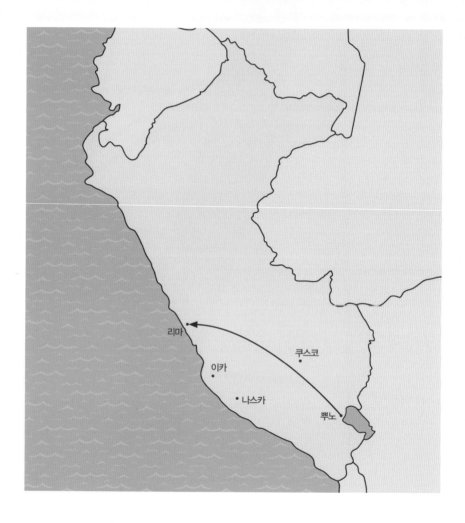

리마

이카

• 나스카

쿠스코

뿌노

1. 리마로 출발하기

① 숙소나 티티카카 항구에서 뿌노 공용터미널로 이동한다. 항구를 나와 왼편으로 직진하면 공용터미널이 나오며, 도보로 15분 정도 소요된다.

② 터미널에 도착하면 크루즈 델 수르 회사로 이동해 짐을 맡기고 짐표를 받는다.

③ 짐을 맡긴 후 '따사 데 엠바르께(tasa de embarque)'라고 적혀 있는 창구에서 공용터미널 이용료를 낸다. 이용료는 1솔 이상이다.

④ 버스 시간이 되면 출구로 나간다.

⑤ 손가방 및 버스에 가지고 타는 짐을 검사하며, 짐 검사 때 카메라 촬영이 진행된다.

⑥ 버스에 탑승한다. 짐은 버스회사에서 일괄적으로 짐칸에 싣는다.

2. 리마에 도착해서

① 터미널에 도착해서 짐표를 대조하고 본인 짐을 찾는다.

② 짐을 찾은 후 '살리다(salida, 출구)'라고 적혀 있는 곳으로 나간다.

③ 택시를 타고 본인 숙소로 이동한다. 터미널에서의 택시 요금은 정액제다. 출구 쪽 피켓에 보면 목적지까지의 요금이 적혀 있다.

간단한 선물 고르기 좋은 곳,
민속 공예품시장
Mercado de Artesanias, 메르까도 데 아르떼사니아

페루 리마의 신시가지 미라플로레스 뻬띳 토우아르스(Av. Petit Thouars) 거리에는 전통 공예품을 파는 가게들이 모여 있다. 세계 최대 은 생산국답게 은 세공품도 판매되고 있으며, 알떼사니아 미라플로레스(Artesanias miraflores)에서는 독특한 디자인으로 만든 팔찌, 귀걸이 등의 액세서리부터 주전자, 컵, 찻잔까지 최고 품질의 은 세공품이 판매되고 있다. 거래 가격은 고가지만 페루 정부에서 인증하는 순도 인증 마크가 있는 제품들이므로 믿고 구입해도 된다. 특히 국제 박람회 참석 경험을 바탕으로 만들어진 최고 품질의 은 세공품을 자랑한다. 그란 치무(Gran Chimu) 알떼사니아에는 알파카 생산국답게 머플러, 조끼, 스웨터 등의 알파카 제품과 원주민들이 직접 만든 수제품 가방, 토산품, 공예품 등을 판매하고 있으며, 쿠스코 마켓(Cuzco Market)에서

는 알파카 제품 이외에 가죽으로 만든 신발이나 가방도 판매하고 있다. 맞은편 가게에는 전통 유화나 수채화 등의 미술작품들을 판매하고 있다. 페루 여행의 마지막 날 민속 공예품시장을 찾아 지인들 선물도 마련하고, 그동안 다녔던 페루 여행의 추억도 다시 되새겨보자.

숨가쁘게 페루 여행을 다녔다. 힘든 여정이었지만 오늘이 지나면 페루 여행이 끝난다니 시원섭섭함이 밀려온다. 빈둥거리는 시간이 아쉬워 근처 전통시장을 찾았다. 판매되고 있는 제품들은 지금까지 페루 여행을 다니면서 보았던 도시별 제품들을 모두 모아놓은 듯했다. 특히 제일 먼저 방문한 은 세공 시장에서는 눈부신 수제품들이 진열되어 있었다. 수제품답게 같은 디자인이 하나도 없다. 자리를 옮기니 남쪽에서 보았던 알파카 제품이 진열되어 있다. 여행 내내 가장 많이 접했던 알파카 제품이기에 친숙함마저 느껴진다. 아이들을 위한 수제품 가방 하나를 마련한다. 한국에서는 독특한 가방이 될 것이다. 도로를 건너 유화 그림 구경으로 페루 여행을 마무리한다. 공예품시장은 지금까지의 페루 여행을 회상하며 잔잔한 미소를 짓게 만들었다.

민속 공예품시장
어떻게 가야 할까?

1 미라플로레스 센뜨럴 공원(Parque Central de Miraflores) 앞에 위치한 인포메이션 센터를 등지고 직진한다.

2 공원 안을 가로질러 출구를 벗어나면 로터리가 나온다.

3 로터리 오른편 스르끼요(Surquillo) 이정표를 보면서 오른쪽 횡단보도를 건넌다.

4 횡단보도를 건너 코너를 돌면 오른편으로 레스토랑 카페 스위스 바(Restaurant cafe suisse bar)가 있고, 좀더 직진하면 오른편에 던킨 도너츠 가게를 볼 수 있다.

5 던킨 도너츠를 등지고 오른편 45도 방향을 보면 민속 공예품시장 입구가 보인다.

민속 공예품시장
어떻게 돌아보지?

알떼사니아 미라플로레스(Artesania miraflores) 입구가 나온다.

마켓 안으로 들어가면 잉카 전통 문양이 새겨진 세공품 가게가 나온다.

목걸이 등의 액세서리도 판다. 국제 박람회 참석 기념으로 만든 최고의 수제 은 세공품을 자랑한다.

라마, 알파카 털로 직접 짠 옷을 판매하는 가게도 있다.

전통 직물과 그 직물로 만든 제품을 판매하는 가게다. 지방 곳곳에서 올라온 수제품은 페루 여행에서의 좋은 기념품이다.

출구로 나와 뒤편으로 이동하면 수제품 가게들이 나온다.

가방 및 직물 제품 가게가 있다. 유일무이한 수제품이 잉카인들의 향취를 느끼게 만든다.

왕골로 만든 가방도 판매한다. 한국 시골의 5일장 제품처럼 시골의 향취가 담겨 있는 왕골 제품이다.

길 건너 유채화나 수채화를 파는 가게도 보인다. 이곳 민속 공예품시장을 둘러보며 페루 여행의 마지막을 풍요롭게 마무리하자.

페루의 중국음식 사랑,
미라플로레스 드라곤(DRGON)

페루는 1821년 스페인으로부터 독립하면서 노예제를 폐지했다. 노예제 폐지 이후 부족해진 노동력을 보충하기 위해 1850년 중국인이 페루 땅을 처음 밟는다. 지속적인 이민과 혼혈로 중국계 페루인은 페루 전체 인구의 1/10인 300만 명으로 늘어난다. 페루 거리를 다니다 보면 '치파(chifa)'라는 상호의 중국 식당을 쉽게 볼 수 있다. 치파는 중국어 '츠판(吃饭: '밥 먹는다'라는 뜻)'에서 왔다고 한다. 하지만 페루인들은 치파를 더이상 중국 식당으로 이야기하지 않는다. 그들은 중국 식당 음식은 중국인이 만들었지만 더이상 중국음식이 아니라 페루식 퓨전 요리라고 이야기한다.

리마 거리를 다니다 보면 한 블록에 하나씩은 치파 식당이 있다. 그리고 여지없이 현지인들의 사랑을 듬뿍 받고 있다. 페루를 떠나기 전 페루식으로 퓨전되었다는 중

완뚱

볶음밥

국음식을 먹어보자. 미라플로레스 플라잉독 아래에는 드라곤이라는 중국 식당이 있다. 메뉴판에는 다양한 세트 메뉴가 있다. 세트 메뉴를 주문하면 먼저 시원한 완뚱(만둣국)이 나온다. 완뚱 맛은 국물 맛이 좌우한다. 국물을 잘 우려내지 않으면 만두와 국물이 따로 논다. 드라곤 식당의 완뚱은 오랜 시간 우려낸 국물 맛이 일품이었다. 많은 양의 기름에 볶아진 볶음밥은 느끼하기 마련인데, 드라곤 식당의 볶음밥은 느끼함도 없었다.

✚ 이용 안내

▶ **이용시간:** 11:30~23:55 ▶ **세트메뉴 비용:** 15.90솔~ ▶ **전화번호:** (+51)1-241-7661 ▶ **주소:** Pasaje Martir Olaya #270, Miraflores ▶ **위치:** 플라잉독 호스텔 바로 아래 건물로, 라 루차 상구체리아 옆에 위치(미라플로레스 지역 센뜨럴 공원 옆)

페루 도착 첫날에는 시차 적응도 되지 않아 몸이 천근만근이었다. 다행히 드라곤에서 가져온 완뚱 국물에 볶음밥을 먹고 나니 힘이 솟았다. 얇은 피로 만든 완뚱의 부드러운 맛이 일품이었고 국물도 시원해 리마에 머무는 동안 하루에 한 끼 정도는 꼭 식사를 했던 장소. 무엇보다 직원들의 친절 덕분에 음식 맛이 배가되었다.

페루를 대표하는 전통 음료,
치차모라다(Chicha morada)

치차(Chicha)는 발효된 모든 종류의 음료수를 말하며, 모라다(Morada)는 보라색을 말한다. 페루에는 여러 가지 색깔의 옥수수가 있으나 치차모라다 음료에는 보라색의 옥수수가 사용된다. 치차모라다는 잉카시대 때부터 마셔오던 전통적인 음료수로 잉카 황제는 태양신에게 바치는 옥수수음료 치차모라다를 가장 신성한 음료로 생각했다. 붉은 피를 상징하는 치차모라다를 대지에 뿌리면서 풍년을 기원하기도 했다.

치차모라다에는 보라색 옥수수, 사과, 파인애플, 계피 등이 들어간다. 이들을 함께 넣고 끓인 후 설탕을 혼합하기만 하면 된다. 피를 맑게 해주고 눈에 좋은 안토시아닌이 풍부해 페루인들은 치차모라다를 음료수 대용으로 즐겨 마신다고 한다. 끓인 후 체에 걸러서 바로 마시면 달콤한 맛이 나며, 발효 후 숙성을 시키면 1~3%의 알

코올이 생성되어 맥주와 포도주의 중간 정도 맛이 난다. 치차모라다는 페루 여행에서 한 번은 경험해봐야 하는 안데스의 음료다.

한국에 막걸리가 있다면, 페루에는 치차모라다가 있다. 대지에 뿌려진 치차모라다가 풍년을 기원한다면 한국 시골에서는 막걸리 한 잔으로 활력을 찾고 논밭일에 힘을 보탠다. 치차모라다는 1~3도라고 하지만 시큼한 맛 때문에 훨씬 강하게 느껴진다. 상용화되지 않은 쿠스코 지역의 걸쭉한 치차모라다는 관광객의 발길을 사로잡는다. 잉카 전통의상을 입은 여인이 토기에 담겨 있는 치차모라다를 잔에 떠서 건네준다. 치차모라다 한 잔에 얼굴은 홍당무처럼 붉어지지만, 허공을 나는 듯한 기분으로 즐겁게 쿠스코 근교 투어를 즐겨본다.

Tip.
치차모라다 만드는 과정
1. 보라색 옥수수의 알갱이를 분리한 후 알갱이와 옥수수 대를 씻는다.
2. 알갱이, 옥수수 대, 사과, 파인애플, 계피 등을 넣고 끓인다.
3. 끓인 후 체로 찌꺼기를 걸러낸다.
4. 식힌 후 음료수 대용으로 마시면 단맛이 난다. 레몬을 넣어서 마시기도 한다.
5. 발효와 숙성을 시키면 1~3%의 알코올이 생긴다.

PART 3

페루,
이것이 더 알고 싶다

아름다운 선율이 귓가에 잔잔하게 맴돌다,
안데스 음악과 전통 악기

▶ 한국인들이 좋아하는 안데스 음악

1. 엘 꼰도르 파사(El condor pasa: 철새는 날아가고)

페루(잉카)의 민요에 사이몬이 가사를 붙여 가펑클과 같이 불러 널리 알려진 곡이다. 우리말로는 '철새는 날아가고' 정도로 번역할 수 있으며, 우수에 찬 선율이 가슴을 애잔하게 만든다. 잉카의 토속음악을 바탕으로 해서 1913년에 작곡한 '꼰도르깐끼'가 원곡이다. 원곡에는 정복자의 무자비한 칼날을 피해 마지막 은거지 마추픽추를 떠날 수밖에 없었던 잉카인들의 슬픔이 담겨 있다. 원곡은 가사가 없이 구전으로 전해 내려왔으며, 페루 전통악기로 연주한 것이 더 많은 사랑을 받았다.

1700년 중엽에 스페인 학정에 대한 반란이 일어나며, 반란의 주모자인 호세 가브리엘 꼰도르깐끼는 스스로를 "투팍 아마루 2세"라 칭하며 잉카제국의 부활을 시도하다가 1781년 나이 39살에 스페인군에 사로잡혀 총살당한 후 사지가 찢기는 비참한 최후를 맞이한다. 페루에는 꼰도르(Condor)로 환생한 그가 안데스 창공을 날며 원주민들을 보호한다는 전설이 내려오고 있다. 페루에 '엘 꼰도르 파사'가 있다면, 대한민국에는 '아리랑'이 있다.

2. 임노 알 잉카(Himno al inca: 잉카 찬가)

구슬픈 께냐 소리로 잉카인들을 찬양하는 곡으로, 우냐 라모스(Una ramos)가 연주한 곡이 대표적이다. 우냐 라모스는 안데스 음악을 전 세계에 알리는 데 일등 공신 역할을 했다.

3. 유야리쉬파(Yuyarishpa: 회상)

빠른 템포의 음악으로 차랑고와 삼뽀냐의 주고받는 연주로 진행되며, 흥겨운 선율

탓에 어깨를 들썩이게 된다. 일반적으로 구슬픈 잉카 음악에 비해 빠르게 진행되는 음악이다.

4. 꾸안도 플로레스카 엘 추노(Cuando floresca el chuno: 감자 꽃이 필 때)
볼리비아 음악으로 안데스 잉카음악의 대표곡이다. 감자 꽃이 활짝 필 때 사랑하는 연인이 돌아오기를 바라는 간절한 마음이 담긴 노래다. 추노(chuno)는 케추아어로 안데스 고원지대의 원주민의 주식인 '냉동동결감자'를 말한다.

▶ 안데스 전통 악기

1. 삼뽀냐(Zampona)

삼뽀냐는 대나무로 만든 팬파이프의 일종으로 남미 안데스의 전통악기이며 잉카제국 이전부터 사용되었던 수천 년의 역사를 가진 악기다. 음색은 산의 메아리나 바람 소리 같은 우수에 젖은 소리를 내며, 길이가 긴 것을 연주하면 높고 가는 소리가 나고, 길이가 짧은 것을 연주하면 굵고 낮은 소리가 난다. 백제시대에 사용되었던 소(簫)와 흡사하다.

2. 차랑고(Charango)

차랑고는 안데스 지방의 현악기로, 줄이 10개인 현악기다. 원래는 안데스 지방 포유류 동물인 아르마딜로(Armadillo) 등껍질로 만들었지만, 요즘에는 나무로 만든다. 현 길이가 짧고 울림통 두께가 얇아서 선명한 음색을 지닌다. 스페인의 침략 당시 페루로 유입된 악기 중 하나인 비우엘라를 변형시켜 만들었다고 한다. 남자만 연주하는 악기다.

3. 께냐(Quena)

께냐는 잉카 이전에는 인간의 정강이뼈로 만들어졌다고 한다. 현재는 대나무로 만들며 앞쪽에 6개, 뒤쪽 1개의 구멍으로 3옥타브 정도의 음계를 낸다. 안데스 음악의 음색을 표현하는 대표적인 피리다.

4. 차차스(Chachas)

차차스는 박자를 맞출 때 사용하는 악기로 딱딱한 열매껍질이나 동물의 발톱을 묶어서 만든다. 부딪쳐서 나는 소리로 효과음이나 바람소리, 물 흘러가는 소리 등을 표현한다.

1. 감자

감자의 원산지는 페루와 볼리비아에 걸친 안데스 고산지대다. 특히 페루 뿌노가 원 고향이다. 감자는 기원전 3천 년 이전부터 4천m 고지인 안데스산맥에서 재배되었다. 감자를 심기 전에는 풍요를 기원하는 의식으로 라마를 신에게 바쳤고, 라마에서 받아낸 붉은 피를 감자밭에 뿌려 풍작을 기원했을 정도로 인디오들에게 감자는 생명이자 숭배의 대상이었다. 안데스 생명의 젖줄이었던 감자는 프란시스코 피사로의 잉카 점령과 함께 스페인으로 전래되었다. 잉카인들이 고구마와 감자를 "바타테"라고 부르자, 스페인인들이 '포테이토'라고 듣고 그때부터 "포테이토"로 부르기 시작했다. 이후 영국이 식량기근에 시달리던 아일랜드에 동물 사료로 사용하던 감자를 주면서 유럽 전역에 퍼지게 되었다. 우리나라에는 1824년 순조 때 산삼을 캐기 위해 숨어 들어온 청나라 사람들이 감자를 식량으로 가지고 오면서 유입되었다. 기원전 3천 년 이전부터 재배되던 안데스 고유작물인 감자는 5천 년의 시간이 흘러 현재 전 세계인들이 즐겨 먹는 곡물로 자리잡았다.

2. 마카(maca)

척박한 안데스 고산지대에서 자라는 식물로 잉카시대 이전부터 먹던 영양가가 높은 귀중한 음식이다. 4천m 이상의 고지에서 자생하는 마카는 낮에는 강렬한 햇빛을 받고 밤에는 영하의 기온을 견디며 낮은 기압, 강한 바람이라는 혹독한 기후 조건에서 자양분을 생산한다. 마카는 인삼의 주성분인 사포닌을 다량 함유하고 있어 '페루의 산삼'이라고 불리는데 잉카시대 때는 금보다 더 귀해 왕이나 귀족들만 먹을 수 있었다고 한다.

마카는 31가지의 천연 미네랄을 함유하고 있어 '미네랄의 보고'라고도 하며, 18종의 필수아미노산이 첨부되어 있는 완전식품으로 미 항국우주국 나사에서 우주식품으로 사용되고 있다. 또 여성의 불임, 생리통, 생리불순을 막아주며 빈혈, 만성피로에도 도움이 된다고 알려져 있으며, 페루의 마카 연구 전문대학인 카에타노 대학은 임상실험을 통해 마카가 남성 성기능 향상에도 효능이 있음을 밝혀냈다. 마카는 첫째 날 투어 일정인 리마 스르끼요 전통시장에서 구매할 수 있다. 전통시장 내 과일주스를 파는 곳 앞 가게에서 분말 형태로 판매한다.

이것만은 알고 출발하자,
간단 스페인어!

1. 숫자

0	cero	쎄로	6	seis	쎄이스	12	doce	도쎄
1	uno	우노	7	siete	씨에떼	13	trece	뜨레쎄
2	dos	도스	8	ocho	오초	20	veinte	베인떼
3	tres	뜨레스	9	nueve	누에베	30	treinta	뜨레인따
4	cuatro	꾸아뜨로	10	diez	디에쓰	40	cuarenta	꾸아렌따
5	cinco	씽꼬	11	once	온세	50	cincuenta	씬꾸엔따

2. 시간

어제	ayer	아예르	내일(오전)	mañana	마냐나
오늘	hoy	오이	오후	tarde	따르데

3 만남에서

안녕!(친한 사이)	¡Hola!	올라
안녕하세요!(아침)	¡Buenos días!	부에노스 디아스
안녕하세요!(오후)	¡Buenas tardes!	부에나스 따르데스
안녕하세요!(저녁)	¡Buenas noches!	부에나스 노체스
어서 오세요!	¡Bienvenidos!	비엔베니도스

안녕히 가세요!	¡Adiós!	아디오스
감사합니다.	Gracias.	그라시아스
죄송합니다.	Lo siento.	로 시엔또
부탁합니다.	Por favor.	뽀르 파보르
실례합니다.	Con Permiso.	꼰 뻬르미소
네/아니오	Si/No	씨/노
좋습니다.	Me gustó.	메 구스또
모릅니다.	No sé.	노 쎄
같습니다.	Igual.	이구알
잘 지내요?	¿Cómo está?	꼬모 에스타
괜찮아요, 감사합니다.	Bien, Gracias.	비엔, 그라시아스
어느 나라에서 오셨나요?	¿De dónde eres?	데 돈데 에레스
대한민국에서 왔습니다.	Soy de corea del sur.	쏘이 데 꼬레아 델 수르
좋은 여행 되세요.	¡Buen viaje!	부엔 비아헤

4. 공항에서

공항	aeropuerto	아에로뿌에르또	성	apellido	아뻬이도
비행기	avión	아비온	이름	nombre	놈브레
여권	pasaporte	빠사뽀르떼	왕복	ida y vuelta	이다 이 부엘따
예약	reservación	레쎄르바시온	편도	ida	이다
가방	maleta	말레따	창문(쪽)	ventana	벤따나
짐	equipaje	에끼빠헤	통로(쪽)	pasillo	빠시요
관광	turismo	뚜리스모	입구	entrada	엔뜨라다
휴가	vacación	바카시온	출구	salida	살리다

281

5. 숙소에서

방	habitación	아비따시온	차가운	fria	프리아
하룻밤	una noche	우나 노체	선풍기	ventilador	벤띨라도르
열쇠	llave	야베	아침식사	desayuno	데사이우노
침대	cama	까마	저녁식사	cena	쎄나
비누	jabón	하본	취소하다	cancelar	깐셀라르
수건	toalla	또아야	열다	abrir	아브릴
뜨거운	caliente	깔리엔떼	닫다	cerrar	세라르
더 싸게	mas baratas	마스 바라따스	이불	Frazada	프라사다
에어컨	aire acondicionado			아이레 아꼰디시오나도	
방 값	tarifa de la habitación			따리파 데 라 아비따시온	
빈방 있습니까?	¿Tiene una habitación?			띠에네 우나 아비따시온	
하룻밤에 얼마입니까?	¿Cuánto cuesta la noche?			꾸안또 꾸에스타 라 노체	
방을 볼 수 있나요?	¿Puedo ver la habitación?			뿌에도 베르 라 아비따시온	
아침식사 포함입니까?	¿Esta incluido el desayuno?			에스타 인클루이도 엘 데사이우노	

6. 여행하며

여행	viaje	비아헤	마지막	último	울띠모
오른쪽	derecha	데레차	터미널	terminal	떼르미날
왼쪽	izquierda	이스끼에르다	택시	taxi	딱시
사진	foto	포또	버스	bus	부스
카메라	cámara	까마라	(탈것에서)내리다	bajan	바한
직진	todo derecho	또도 데레초	지도	mapa	마빠
모퉁이에	en la esquina	엔 라 에스끼나	멀다	lejos	레호스

차례	turno	뚜르노	가깝다	cerca	쎄르까

관광안내소	información turística	인포르마시온 뚜리스띠까
어디까지 가십니까?	¿A dónde va?	아 돈데 바
터미널까지 부탁합니다.	Terminal, por favor.	떼르미날, 뽀르 파보르
몇 시에 출발합니까?	¿A qué hora sale?	아 께 오라 살레
나스카행 표 한 장 부탁합니다.	Un boleto para nazca, por favor.	
		운 볼레또 빠라 나스까, 뽀르 파보르
쿠스코행 예약을 원합니다.	Quiero resevar para cuzco.	
		끼에로 레세르바르 빠라 꾸스꼬
나의 티켓을 바꾸기를 원합니다.	Quiero cambiar mi boleto.	
		끼에로 깜비아르 미 볼레또
끄루즈 델 수르 터미널까지 얼마입니까?	Terminal de cruz del sur, cuanto es?	
		떼르미날 데 끄루즈 델 수르, 꾸안또 에스

7. 식당에서

식당	restaurante	레스따우란떼	주스	jugo	후고
메뉴판	carta	까르따	와인	vino	비노
계산서	cuenta	꾸엔따	밥	arroz	아로스
팁	propina	쁘로삐나	빵	pan	빤
음료	bebida	베비다	소고기	res	레스
물	agua	아구아	돼지고기	cerdo	세르도
커피	cafe	까페	닭고기	pollo	뽀요
차	té	떼	생선	pescado	뻬스까도
콜라	coca	꼬까	바닷가재	langosta	랑고스타
맥주	cerveza	쎄르베사	새우	camarón	까마론

아이스크림	helado	엘라도		**컵**	vaso	바소
얼음	hielo	이엘로		**포장**	para llevar	빠라 예바르
소금	sal	쌀		**매운 향신료**	picante	삐깐떼
설탕	azúcar	아수까		**튀김**	frito	프리또
소스	salsa	살싸		**햄버거**	hamburguesa	암부르게사
감자	papa	빠빠		**스프**	sopa	소빠
양파	cebolla	세보야		**과일**	fruta	프루따
여기서(먹는다)	por aqui	뽀르 아끼		**튀기다**	frito	프리또
음식	comida	꼬미다		**찌다**	al vapor	알 바뽀르

짜지 않게 해주세요.	Poca sal, por favor.	뽀까 쌀, 뽀르 파보르
맛있어요.	¡Qué rico!	꿰 리꼬
계산서 주세요.	La Cuenta, por favor.	라 꾸엔따, 뽀르 파보르

Tip.
'~와 함께'라는 말은 con~(꼰~)이고, '~없이'는 sin~(씬~)이다. 예를 들어 얼음과 함께 달라고 할 때는
"con hielo(꼰 이엘로)", 얼음 없이 달라고 할때는 "sin hielo(씬 이엘로)"라고 하면 된다.

8. 가게에서

돈	dinero	디네로		**현금**	efectivo	에펙띠보
가격	precio	프레시오		**선물**	regalo	레갈로
카드	tarjeta	따르헤따		**공짜**	gratis	그라티스

얼마입니까?	¿Cuánto cuesta?	꾸안또 꾸에스타
너무 비쌉니다.	Es muy caro.	에스 무이 까로
싸게 주십시오.	Más barato, por favor.	마스 바라또, 뽀르 파보르
깎아 주십시오.	Descuenta, por favor.	데스꾸엔따, 뽀르 파보르

9. 기타

한국어	스페인어	발음
남자	hombre	옴브레
여자	mujer	무헤르
예쁜	bonita	보니따
잘생긴	guapo	구아뽀
좋은	bueno	부에노
친구	amigo	아미고
전화	teléfono	뗄레포노
메시지	mensaje	멘사헤
다시	otra vez	오뜨라 베스
많이	mucho	무쵸
조금	poco	뽀꼬
덥다	calor	깔로르
춥다	frio	프리오
가족	famillia	파밀리아
쉬운	facil	파씰
어려운	dificil	디피씰

한국어	스페인어	발음
빨리	rápido	라피도
중요한	importante	임뽀르딴떼
쓰레기	basura	바수라
담배	cigarro	시가로
비	lluvia	유비아
공원	parque	빠르께
화장실	baño	바뇨
병원	hospital	오스삐딸
아픈	enfermo	엔페르모
경찰	policia	뽈리씨아
작다	pequño	뻬께뇨
집	casa	까사
한국사람	coreano	꼬레아노
~ 앞	frente	프렌떼

한국어	스페인어	발음
없다, 가지고 있지 않다.	No tengo	노 뗑고
한국대사관	Embajada de Corea	엠바하다 데 꼬레아
여권 좀 보여주세요.	Su pasaporte, por favor.	수 빠사포르떼, 뽀르 파보르
저 좀 도와주세요.	Ayuda me.	아유다 메
아픕니다.	Estoy enfermo.	에스또이 엔페르모
이해가 안 됩니다.	No entiendo.	노 엔띠엔도
스페인어를 못합니다.	No hablo español.	노 아블로 에스파뇰

『난생 처음 페루』
저자 심층 인터뷰

Q 『난생 처음 페루』를 소개해주시고, 이 책을 통해 독자들에게 전하고 싶은 메시지가 무엇인지 말씀해주세요.

A 책 제목 그대로 이 책은 '난생 처음 페루'에 가는 사람이 가장 알고 싶은 것들을 담은 여행 정보서입니다. 페루는 한반도 면적의 6배나 되는, 세계에서 20번째로 큰 나라입니다. 사실 그 큰 나라를 자세하게 여행한다면 몇 달을 돌아다녀도 부족할 것입니다. 페루에 관한 모든 것을 다 담을 수는 없었지만 페루 여행을 처음 계획하는 사람들이 가장 알고 싶어하고 가장 필요로 하는 것, 페루의 귀한 보석 같은 장소들을 요약 정리해 7박 8일의 일정으로 구성했습니다.

페루는 가까운 동남아 지역이나 오래전부터 배낭족들이 찾은 유럽과는 달리 '위험하다'라는 생각에 여행자들이 많이 선택하지 않는 곳입니다. 하지만 페루는 우리가 상상하는 그런 낯설고 무서운 나라가 아닙니다. 친절하고 아름다운 마음을 가진 나라입니다. 이 책과 함께라면 유럽의 다른 나라들처럼 쉽게 여행할 수 있는 아름다운 장소임을 확신합니다. 저는 새로운 엘도라도를 찾는 여행자들을 위해 이 책을 만들었습니다. 이 책과 함께 21세기 마지막 황금의 나라 페루를 찾아 최고의 여행을 즐기시기 바랍니다.

Q 페루는 대개 중남미로 통합되는 경우가 많아 페루만 다룬 여행서는 이 책이 처음이라 볼 수 있는데요, 이 책의 장점에 대해 소개해주세요.

A 기존의 책을 보면 스페인어나 영어를 능숙하게 구사하는 여행자가 아니면 쉽게 장소를 찾아갈 수 없게 되어 있습니다. "마추픽추에는 풍부한 볼거리가 있다. 꼭 관광해야 할 장소다"라고만 적혀 있어 언어를 능숙하게 구사하지 못하면 마추픽추를 절대 찾아갈 수 없습니다. 오히려 서울에서 김 서방 찾는 일이 더 쉬울 수도 있지요. 하지만 이 책은 페루를 찾는 여행자들이 언어적인 두려움을 전혀 가질 필요가 없도록 구성했습니다. 주요 관광지를 찾아가는 방법은 물론 택시를 타고 이동할 때 유용하게 사용할 수 있는 스페인어까지, 곳곳에 페루 여행을 도와줄 팁들을 담고자 노력했습니다. 특히 책에 소개된 동선들은 제가 직접 움직여보고 만든 것이기 때문에 마치 현지인들에게 안내받듯이 편하게 다닐 수 있습니다. 이 책과 함께 여행한다면 마추픽추는 찬란한 유적지가 될 것이고, 티티카카 호수는 하늘 아래 가장 아름다운 호수가 될 것입니다. 첫날 일정부터 마지막 일정까지 책에 나온 동선을 따라 이동하면서 여행지의 참맛을 즐기기만 하면 됩니다.

Q 페루는 사실 익숙하지 않은 나라로, 소매치기도 많고, 밤에 다니기 두려운 나라라고 알려져 있는데요, '진짜' 페루는 어떤 나라인지 소개해주세요.

A 익숙하지 않기 때문에 모르는 정보가 사실처럼 인식되기도 합니다. 사실 저도 페루에 대한 선입견 때문에 거리를 다닐 때면 항상 긴장을 하

고 다녔습니다. 하지만 페루 사람들은 제가 생각했던 것보다 훨씬 순수했으며, 거리는 안전했습니다. 밤늦은 시간에 거리를 다닐 때 주의를 기울이거나 사람들이 많이 다니지 않는 곳에서 소매치기 등의 위험을 경계하는 일은 어느 나라를 방문하건 마찬가지입니다.

페루는 관광정책을 국가적으로 추진하고 있는 나라입니다. 그래서 페루의 수도 리마 같은 경우는 낮에 암달러상이 돈뭉치를 들고 길거리에서 거래를 할 정도로 안전한 곳이기도 하며, 새벽까지 마음놓고 걸어다닐 수 있도록 곳곳에 경찰 병력이 배치되어 있습니다. 즉 페루는 우리가 생각하는 것보다 훨씬 안전하고 장점이 많은 나라입니다.

Q 중남미 여행은 우리에게 익숙하지 않습니다. 중남미 여행의 묘미가 있다면 어떤 것이 있을까요?

A 중남미를 여행하다 보면 고대 문명, 스페인 체제 문명, 새롭게 탄생한 현대 문명이 절묘하게 공존하는 것을 볼 수 있습니다. 물론 많은 곳의 고대 문명이 스페인에 의해 훼손되고 사라졌지만 아직도 곳곳에는 과거의 문화가 남아 있습니다. 멕시코는 고대 문화인 아즈텍·마야 문명, 스페인 문화, 둘의 조합으로 새롭게 탄생한 멕시코 문화가 공존하고 있습니다. 그래서 멕시코를 다닐 때면 마치 타임머신을 탄 기분입니다.

페루도 마찬가지입니다. 고대 잉카 문명, 스페인 지배 체제로 남은 문화, 그리고 이 둘의 새로운 결합으로 절묘하게 탄생한 현대 문화가 있습니다. 어느 도시를 방문하면 잉카시대 깊숙이 들어와 있는 듯하고, 다른 도시를 방문하면 스페인의 중심부를 관광하는 듯하기도 합니다. 또 어느 도시는 이 두 문화가 절묘하게 공존합니다. 좌측 길에는 고대 문명이, 우측 길에는 현대 문화가 함께 걸어가고 있기도 합니다.

페루의 하이라이트는 마추픽추입니다. 광대한 유적지가 산 중턱에 있어 올라가기만 해도 가슴이 벅차오릅니다. 그리고 남쪽 볼리비아로 내려가면 안데스 문명의 더 깊은 지역으로 온 듯합니다. 특히 하늘 아래 가장 높은 곳에 위치한 우유니 사막은 여행의 백미입니다. 이렇듯 중남미는 너무나 많은 볼거리들을 제공합니다. 인위적인 것이 아니라 자연적인 전통의 맛을 그대로 보여줍니다. 무엇보다 그곳의 사람들과 호흡하다 보면 그들이 가진 영롱함과 순수함에 가슴이 따뜻해질 것입니다.

Q 해외여행시 가장 걱정되는 것이 언어 문제인데요, 페루는 어떤 언어를 사용하며 페루 여행에서 언어적 도움을 받을 방법은 없는지 궁금합니다.

A 브라질, 자메이카를 제외한 중남미 대부분의 나라들은 스페인어를 사용합니다. 영어권 국가가 아니라 자유 여행을 계획하는 여행자들이 언어에 대한 두려움에 쉬이 떠나지 못하는 곳이지요. 페루에서도 간단한 영어로 의사소통은 가능합니다. 그러나 스페인어를 조금이라도 알고 있다면 더 도움이 되겠지요?
그래서 이 책의 마지막 부분에 여행에서 통용되는 기초적인 스페인어 단어와 문장을 실었습니다. 스페인어가 유창하지 않더라도 여기에 있는 단어들을 숙지한다면 더 풍부하고 재미있는 페루 여행을 즐기실 수 있을 것입니다. 꼭 외울 필요도 없습니다. 필요한 단어를 꺼내 보여주기만 해도 간단한 의사소통이 가능합니다.

Q 페루음식이 우리와 잘 맞지 않아 고생하는 경우는 없나요? 또 페루에서 한 번쯤은 꼭 먹어봐야 할 음식이 있다면 어떤 것이 있을까요?

A 페루는 일찍부터 중국인 이민자들이 찾은 곳으로, 페루 곳곳에는 페루식 중국 요리인 치파가 있습니다. 이 때문에 한국인의 음식 기호도를 고려했을 때 페루음식이 전혀 색다르지는 않을 듯합니다. 특히 중국과 페루 두 나라의 전통요리가 섞이면서 탄생한 것이 많습니다. 대표적인

요리인 로모 살따도는 소고기를 잘게 썰어 식초나 간장, 향미료에 절인 후 토마토, 양파, 파슬리 등의 각종 재료들을 넣어 간장소스에 볶은 음식으로 감자튀김과 쌀밥이 함께 나오기 때문에 마치 한국의 불고기 백반을 먹는 것 같기도 합니다.

다음으로는 날생선 요리 세비체입니다. 지리적 영향으로 자연스럽게 발달한 해산물 요리로 레몬의 새콤함과 생선뼈 육수가 절묘하게 조화를 이룬 최고의 음식입니다. 물론 한국인에게도 최고의 맛을 선사해줄 것입니다.

마지막으로 우리나라의 생선구이와 비슷한 송어 요리인 뜨루차를 추천합니다. 겉은 바삭하고 속은 부드러우며 맛 또한 일품입니다.

Q 페루 여행중 꼭 들러봐야 할 곳을 추천한다면 어디인가요? 몇 군데 소개 부탁드립니다.

A 페루 여행에서 가장 먼저 추천할 장소는 나스카 라인입니다. 잉카 문명이 번성하기 전인 기원전 200~기원후 600년 사이에 현 페루 남해안을 중심으로 번성했던 나스카 문명의 일부인 나스카 라인은 그 기원과 목적에 대해 수많은 가설과 억측만 난무할 뿐 현재까지도 이렇다 할 진실은 밝혀지지 않았습니다. 기이한 선, 도형, 새, 짐승 등 약 100여 개의 그림들이 펼쳐져 있으며, 그림이 워낙 크기 때문에 지상에서는 확인되지 않고 약 300m 높이의 공중에서 내려다봐야만 합니다. 나스카 라인은 누가, 왜, 무엇을 위해서 만들었을까요? 독자들이 그 해답을 찾아보시는 것도 좋을 것 같습니다.

두 번째 추천 장소는 잉카 문명의 엘도라도 '마추픽추'입니다. 해발 2,430m에 위치하며 현지어인 케추아어로 '오래된 봉우리'를 의미합니다. 마추픽추의 건설에 대해서도 수많은 가설이 있습니다. 16세기 잉카인이 이유 없이 도시를 버리면서 세상에 잊힐 뻔한 마추픽추를 찾아보시기 바랍니다. 마추픽추의 장대함에 가슴이 멈춰질 것입니다.

마지막 추천 장소는 티티카카 호수입니다. 페루와 볼리비아 사이에 있는 티티카카 호수는 해발 3,812m에 위치해 있어 고산지대의 바다라고 불립니다. 가장 높은 육지 속 바다, 티티카카 호수는 굉장히 맑고 아름답습니다. 페루에는 다른 보물들이 많이 숨겨져 있지만 여기에 소개한 세 곳은 꼭 보아야 할 곳입니다.

Q 페루를 여행하시면서 에피소드가 많았다고 들었습니다. 재미있었던 에피소드를 하나 소개해주세요.

A 에피소드라기보다는 가장 기억에 남는 이야기입니다. 제가 나스카 지역을 방문했을 때 나스카의 아르마스 광장으로 이동하던 중 저보다 앞서 가던 여행자가 카메라를 소매치기당했습니다. 카메라가 비싸 보이기도 했거니와 카메라 줄을 팔에 감거나 목에 걸지도 않은 채 사진을 찍다 보니 표적이 되었던 것 같습니다. 그리고 무엇보다 여성이라는 이유로 더 쉽게 표적이 되었을 겁니다. 하지만 10분도 채 되기 전에 경찰이 출동했고 그 소매치기범을 체포했습니다. 소매치기를 당한 후 10여분도 안 되어서 범인이 잡히는 것을 보고 페루가 생각했던 것만큼 두렵고 무서운 곳이 아니라는 확신을 가지게 되었습니다.

Q tvN의 〈꽃보다 청춘〉이 방송된 후 한국 여행객들이 많이 늘었다고 하는데요, 페루 여행시 꼭 알아두어야 할 것이 있다면 말씀해주세요.

A 페루는 우리가 생각하는 것보다 훨씬 크고 기후 변화가 심한 곳입니다. 무엇보다 고산지대가 많기 때문에 고산병이 오면 며칠을 고생하며 여행의 흥미를 잃어버릴 수도 있는 곳입니다. 그리고 페루는 장거리 버스를 자주 이용하기 때문에 강인한 체력을 요구하기도 합니다. 페루의 숙

소는 난방시설이 없기 때문에 계절에 따라 추위에 밤새 떨 수도 있습니다. 첫 번째로 알아두어야 할 것은 우리나라와 계절이 정반대라는 것입니다. 한국이 겨울이면 페루는 여름에 해당되며 일교차가 심한 곳입니다. 몸을 따뜻하게 해주는 옷 정도는 꼭 챙겨야 합니다.

두 번째로 고산병 예방 차원에서 타이레놀을 꼭 준비해야 합니다. 쿠스코에 가기 전에 미리 타이레놀 한 알을 먹는다면 고산병이 찾아온다 해도 극복하기가 조금은 쉬울 것입니다. 만약 고산병이 온다면 평상시보다 천천히 걸어야 하며, 많은 물이나 코카차를 마시고 고산병을 극복한 후 여행을 해야 할 것입니다.

마지막으로 페루에는 불법 택시들이 기승을 부립니다. 경찰의 강력한 단속에도 불법 영업은 근절되지 않고 있습니다. 따라서 택시를 이용할 경우에는 차체 위에 '택시'라는 표시등이 있는 차를 이용하시기 바랍니다. 그런 표시등이 없는 것은 불법으로 보시면 됩니다. 그리고 미터기가 없기 때문에 택시를 타기 전 꼭 흥정을 하는 것이 좋습니다.

Q 페루를 여행할 여행자들에게 꼭 해주고 싶은 이야기가 있다면 어떤 것들이 있나요?

A 페루는 우리가 상상하는 것보다 훨씬 볼거리가 많은 곳이며, 그 볼거리에 더해 다른 여행지에서 얻지 못하는 특별한 감동을 받을 수 있는 곳이기도 합니다. 너무 멀고 막연한 장소라고만 생각하지 말고 과감히 떠나보라고 이야기하고 싶습니다. 그렇게 떠난 페루 여행에서 고산병에 시달려도 보기도 하고, 버스에 몸을 싣고 밤새 달려도 보고, 버스에서 장렬한 일출도 맞이해보십시오. 과정은 힘들지만 분명 평생 잊지 못할 추억이 될 것입니다.

페루를 '여행자들의 엘도라도'라고 이야기합니다. 여행이나 휴양을 하기에 편한 곳도 아닌데 여행자들은 왜 그렇게 페루를 찾을까요? 말로는 다 설명할 수 없습니다. 그렇게 숨 막히게 아름다운 페루를 어떻게 다 이야기할 수 있겠습니까? 넓고 광대한 페루로 떠나기 전에 가졌던 두려움과 불안은 페루에 도착하고 나면 언제 그랬냐는 듯 사라질 것입니다. 태어나서 해외여행은 처음 해본다는 30대의 직장인을 만난 적이 있습니다. 첫 여행지로 왜 페루를 선택했냐고 묻자 그분은 "멋있잖아요"라며 단 한마디로 대답해주었습니다. 그렇습니다. 페루는 다른 말이 필요 없는, 멋지고 아름다운 곳입니다. 페루로 떠나십시오. 그리고 마음껏 취하십시오.

1. 네이버 검색창 옆의 카메라 모양 아이콘을 누르세요.
2. 스마트렌즈를 통해 이 QR코드를 스캔하면 됩니다.
3. 팝업창을 누르면 이 책의 소개 동영상이 나옵니다.

미국프로농구를 지배하는 세계적인 농구스타들의 모든 것

우리를 행복하게 하는 농구스타 22인

손대범 지음 | 값 19,500원

이 책은 미국프로농구(NBA)에서 활약하는 농구스타들에 관한 심층적이고도 흥미진진한 이야기를 우리에게 들려준다. 이 책을 읽으며 선수에서 팀으로, 팀에서 농구 그 자체로 시야가 확대되는 과정을 통해 좀더 재미 있게 농구경기를 감상할 수 있게 되리라 믿는다. 화려한 미사여구가 아닌 담백한 말들로 진술하게 풀어낸 이 책은 대한민국 농구팬들에게 또 다른 지침서가 될 것이다.

사람을 움직이는 소통의 힘

관계의 99%는 소통이다

이현주 지음 | 값 14,000원

직장 생활에서 바람직한 인간관계를 맺기 위해 필요한 소통 방법을 다룬 지침서다. 직장 내 관계에 대한 교육과 상담을 활발히 해온 저자는 올바른 소통 방법을 알려준다. 이 책은 우리가 알고 있었던, 혹은 눈치채지 못했던 대화법의 문제점을 부드럽게 지적한다. 회사에서 답답했던 소통을 경험한 직장인이라면 이 책을 통해 그동안 겪은 스트레스를 해소할 수 있을 것이다.

관계의 99%는 감정을 알고 표현하는 것

나도 내 감정과 친해지고 싶다

황선미 지음 | 15,000원

내 감정에 휘둘리지 않고 싶은, 내 감정과 친구가 되고 싶은, 그래서 행복하게 살고 싶은 사람들을 위한 인생지침서다. 상담학 박사인 저자는 이 책에서 일상적이며 부정적 감정인 화·공허·부끄러움·불안·우울에 대해 이야기한다. 이 책을 통해 자신의 감정을 제대로 알고, 제대로 표현하는 법을 익힌다면 살아가면서 적절하게 감정을 사용할 수 있을 것이다.

삶의 근본을 다지는 인생 수업

해주고 싶은 말

세네카 외 5인 지음 | 값 14,000원

이 책은 인생·행복·화·시련·고난·쾌락·우정·노년·죽음 등 우리 인간의 삶에 대한 통찰을 담고 있다. 정신 없이 바쁜 일상을 잠시 멈추고 인생의 의미를 되짚어보는 사람들에게 이 책을 권한다. 세기를 뛰어넘는 당대 최고의 지성 6인의 눈부신 말들이 당신의 인생을 어루만져 줄 것이다. 그들의 진심 어린 충고와 논리적인 고찰 속에서 삶의 지혜와 진정한 행복을 찾을 수 있을 것이다.

문과생을 위한 취업의 정석

문과에도 길은 있다

양대천 지음 | 값 15,000원

학점과 영어공부 외에 오늘 당장 무엇을 해야 하는지 모르는 문과생들에게 중앙대학교 경영학부 교수인 저자는 '공기업 취업'이라는 '정당한 길'을 제시한다. 물론 문과생 모두가 오직 공기업만을 목표로 달리라는 말은 절대로 아니다. 100%의 정답이 아닐지라도 문과생들에게 어떤 길이 있음을 알려주고자 공기업이라는 한 방편으로 굵직한 질문 하나를 던지고자 한 책이다.

처음 교토에 가는 사람이 가장 알고 싶은 것들

난생 처음 교토

정해경 지음 | 17,000원

이 책은 해외여행이 처음이거나 교토 여행이 처음인 사람들을 위한 책으로, 교토가 처음이라고 하더라도 불편함이 없는 여행이 되도록 구성했다. 교토를 가장 효율적으로 여행하기 위해 추천 일정별·지역별로 나누어 동선을 제시한다. 무엇보다 세계문화유산이 즐비한 교토는 아는 만큼 보이는 곳이기에 문화유산 답사와 교토에서 꼭 먹어봐야 하는 음식들을 소개했다.

처음 다낭에 가는 사람이 가장 알고 싶은 것들

난생 처음 다낭

남기성 지음 | 15,000원

이 책은 해외 여행을 망설이는 사람들을 위해 여행을 떠나기 전 여권발급부터 항공권·숙박 예약·대중교통 이용 방법 등을 비롯해 다낭에서 무엇을 보고 먹어야 하는지, 그리고 즐길 거리는 무엇이 있는지와 같은 다양하고 유용한 정보들을 꼼꼼하게 수록했다. 이 책에 소개된 다양한 볼거리와 먹거리, 액티비티를 통해 잊을 수 없는 다낭에서의 4박 6일을 만들어보기를 바란다.

처음 후쿠오카에 가는 사람이 가장 알고 싶은 것들

난생 처음 후쿠오카

윤우석 지음 | 값 15,000원

쇼핑과 먹거리가 넘쳐나는 도시 후쿠오카! 이 책은 후쿠오카뿐만 아니라 주변에 있는 매력적인 도시인 다자이후, 유후인, 나가사키까지 담아 3박 4일 동안 알차게 후쿠오카를 돌아볼 수 있도록 구성했다. 주로 짧은 시간 동안 후쿠오카를 여행하는 초보 여행자들이 꼭 가봐야 할 곳들과 먹어야 할 것들, 그리고 즐겨야 할 것들을 꼼꼼히 담았다.

처음 타이완에 가는 사람이 가장 알고 싶은 것들

난생 처음 타이완

정해경 지음 | 값 15,000원

여행 초보자들도 타이완으로 여행을 떠날 수 있게 도와주는 여행정보서다. 이 책과 항공권만 있다면 누구든지 자신감을 가지고 쉽게 타이베이로 떠날 수 있도록 완벽한 가이드를 제시한다. 관광지로 가는 법을 단순히 글로만 설명한 것이 아니라 도착할 때까지의 여정을 사진을 보며 따라갈 수 있도록 구성해, 작가와 동행한다는 느낌을 받을 수 있다.

처음 도쿄에 가는 사람이 가장 알고 싶은 것들

난생 처음 도쿄

남기성 지음 | 값 15,000원

이 책은 도쿄의 진수를 느낄 수 있는 3박 4일의 일정을 알려준다. 따라 하기 쉬우면서도 효율적인 도쿄 여행을 즐겨보자. 이 책은 해외여행이 처음이거나 도쿄 여행이 처음인 사람들을 위한 여행 입문서다. 하루하루 지역별로 꼼꼼하게 나눠 동선을 구성해 도쿄가 처음이라고 하더라도 여행하는 데 불편함이 없도록 노력을 기울였다.

■ **독자 여러분의 소중한 원고를 기다립니다**

메이트북스는 독자 여러분의 소중한 원고를 기다리고 있습니다. 집필을 끝냈거나 집필중인 원고가 있으신 분은 khg0109@hanmail.net으로 원고의 간단한 기획의도와 개요, 연락처 등과 함께 보내주시면 최대한 빨리 검토한 후에 연락드리겠습니다. 머뭇거리지 마시고 언제라도 메이트북스의 문을 두드리시면 반갑게 맞이하겠습니다.

■ **메이트북스 SNS는 보물창고입니다**

메이트북스 홈페이지 www.matebooks.co.kr

책에 대한 칼럼 및 신간정보, 베스트셀러 및 스테디셀러 정보뿐만 아니라 저자의 인터뷰 및 책 소개 동영상을 보실 수 있습니다.

메이트북스 유튜브 bit.ly/2qXrcUb

활발하게 업로드되는 저자의 인터뷰, 책 소개 동영상을 통해 책에서는 접할 수 없었던 입체적인 정보들을 경험하실 수 있습니다.

메이트북스 블로그 blog.naver.com/1n1media

1분 전문가 칼럼, 화제의 책, 화제의 동영상 등 독자 여러분을 위해 다양한 콘텐츠를 매일 올리고 있습니다.

메이트북스 네이버 포스트 post.naver.com/1n1media

도서 내용을 재구성해 만든 블로그형, 카드뉴스형 포스트를 통해 유익하고 통찰력 있는 정보들을 경험하실 수 있습니다.

메이트북스 인스타그램 instagram.com/matebooks2

신간정보와 책 내용을 재구성한 카드뉴스, 동영상이 가득합니다. 각종 도서 이벤트들을 진행하니 많은 참여 바랍니다.

메이트북스 페이스북 facebook.com/matebooks

신간정보와 책 내용을 재구성한 카드뉴스, 동영상이 가득합니다. 팔로우를 하시면 편하게 글들을 받으실 수 있습니다.

STEP 1. 네이버 검색창 옆의 카메라 모양 아이콘을 누르세요.   STEP 2. 스마트렌즈를 통해 각 QR코드를 스캔하시면 됩니다.
STEP 3. 팝업창을 누르시면 메이트북스의 SNS가 나옵니다.